飽くなき挑戦

小早川隆治

車名・型式：マツダ E-FD3S
エンジン：13B-REW
機種名：Type R
変速機形式：マニュアル・5段
エンジン型式・種類：水冷直列２ローター
総排気量：654cc × 2
圧縮比：9.0
最高出力：255ps/6,500rpm（ネット）
最大トルク：30.0kg-m/5,000rpm（ネット）
燃料供給装置：EGI
燃料及びタンク容量：無鉛プレミアムガソリン・76ℓ
全長：4,295mm　全幅：1,760mm　全高：1,230mm
ホイールベース：2,425mm　最低地上高：135mm　車両重量：1,260kg　車両定員：４名

ɛ̃fini RX-7

20年目のDesigned by Rotary.

上の写真を見て欲しい。奥から1978年デビューの初代「SA22C」、1985年からの2代目「FC3S」、そして、1991年に登場した3代目「FD3S」の最新モデルとなるNew RX-7である。SA22Cから今日まで、20年の歳月が流れたことになる。時代とともにスタイリングは変わり、性能は飛躍的な進化を遂げた。しかしその根底には、20年間変わることなく受け継がれているものがある。ロータリーエンジンと、このユニットならではのスポーツカーレイアウト、そして軽量化へのこだわりである。「SA22C」誕生の折り、私たちは"Designed by Rotary"という言葉を使った。動力性能はもとより、フォルムやパッケージング、操縦性能まで、RX-7のすべてがロータリーエンジンに始まるということだ。そしてこのことは、今回のNew RX-7についても何ら変わらないのである。●ロータリーエンジンはローターの回転運動がそのままトルクとなるため、パワー効率に優れ、高回転まで滑らかに回る。また、バルブやカムシャフトが不要なため、非常に軽量コンパクトだ。この利点を最大限に活かしたのが、エンジンを前車軸より後方に搭載して後輪を駆動する、FRフロントミッドシップ。これにより、ニュートラルステアの基本を支える前後重量配分50:50と、ヨー慣性モーメントの低減、すなわちリニアでシャープな回頭性の実現に寄与するオーバーハング部の重量軽減を実現している。そして、ロータリーエンジンならではの(フロントノーズを伸ばすことなく可能な)このFRフロントミッドシップは、20年にわたってRX-7の根幹を成しているのだ。●「軽量化」もまた歴代RX-7に一貫するテーマだが、「FD3S」でさらに徹底的なものとなり、私たちは「パワーウェイトレシオ低減」という視点から徹底的な軽量化に取り組んだ。無論、車体が重くてもパワーがあればレシオ自体は小さくできる。しかし車体が重いということは慣性が大きいということ。これでは、軽やかな身のこなしでコーナーをクリアする痛快な人車一体感も、ここというときの瞬間加速も、いい結果は望めない。そこで「FD3S」では、重量増を伴うパワーアップより、車体を軽くすることを優先し、2シーターのTypeRZ(1996年型)で4.72kg/PSを達成したのである。●このパワーウェイトレシオに象徴されるRX-7の軽さ、それゆえの高度な加速性能と第一級のハンドリング性能は、ピュアなスポーツカー乗りの熱い支持を得た。そして彼らの多くは、自らの腕を磨き、そのポテンシャルのすべてを楽しみ尽くす舞台としてサーキットを選び始めた。そうしたドライバーのために、パワーウェイトレシオをもっと小さく。私たちはエンジンもボディも重くせずパワーを上げることを目指した。そして、最高出力280PS/6500rpmによるパワーウェイトレシオ4.57kg/PS(TypeRS)を達成したのである。それとともに、究極の舞台であるサーキットでさえも持てる性能をフルに発揮できるよう、クーリング性能をはじめ限界領域での信頼性をさらに進化させた。●20年目の"Designed by Rotary"は、楽しさに満ちた人車一体感をさらに洗練させながら、280PSを使い切るというリアリズムに即したスポーツカー性能を手に入れたのである。

「マツダRX-7カタログ」より(マツダ株式会社発行、1998年)

ロータリーエンジン車

ROTARY-ENGINED VEHICLES

マツダを中心とした
ロータリーエンジン搭載モデルの系譜

ROTARY-ENGINED CAR GENEALOGY

ROTARY

RENESIS（13B-MSP）

自動車史料保存委員会

当摩 節夫

Setsuo Toma

MIKI PRESS

三樹書房

編集部より

自動車歴史関係書を刊行する弊社の考え

日本において、自動車（四輪・二輪・三輪）産業が戦後の経済・国の発展に大きく貢献してきたことは、広く知られています。特に輸出に関しては、現在もなお重要な位置を占める基幹産業の筆頭であると、弊社は考えております。

国内には自動車（乗用車）メーカーは８社（うちホンダとスズキは二輪車も生産）、トラックメーカーは４社、オートバイメーカーは４社もあり、世界でも稀有なメーカー数です。日本の輸出金額の中でも自動車関連は常にトップクラスでありますが、自動車やオートバイは輸出先国などでも現地生産しており、他国への経済貢献もしている重要な産業であると言えます。

自動車の歴史をみると、最初の４サイクルエンジンも自動車の基本形も、19世紀末に欧州で完成し、その後スポーツカーレースなども、同じく欧州で発展してきました。またアメリカのヘンリー・フォード氏によって自動車が大量生産されたことで、より安価で身近な道具になった自動車は、第二次世界大戦後もさらに大量生産されて各国に輸出され、全世界に普及していくことになります。

このように、100年を越える長い自動車の歴史をもつ欧州や、自動車を世界に普及させてきた実績のある米国では、自動車関連の博物館も自動車の歴史を記した出版物も数多く存在しています。しかし、ここ半世紀で拡大してきた日本の自動車産業界では、事業の発展に重点が置かれてきたためか、過去の記録はほとんど残されていません。戦後、日本がその技術をもって自動車の信頼性や生産性、環境性能を飛躍的に向上させたのは紛れもない事実です。弊社では、このような実情を憂慮し、広く自動車の進化を担ってきた日本の自動車産業の足跡を正しく後世に残すために、自動車の歴史をまとめることといたしました。

自動車史料保存委員会の設立について

前記したとおり、日本は自動車が伝来し、その後日本人の自らの手で自動車が造られてからまもなく100年を迎えようとしています。日本も欧米に勝るとも劣らない歴史を歩んできたことは間違いなく、その間に造られたクルマやオートバイは、メーカー数も多いこともあり、膨大な車種と台数に及んでいます。

1989年にトヨタ博物館が設立されてからは、自動車に関する様々な資料が、収集・保存されるようになりました。そして個人で収集・保管されてきた資料なども一部はトヨタ博物館に寄贈され、適切に保存されておりますが、それらの個人所有の全てを収館することは困難な状況です。私達はそうした事情を踏まえて、自動車史料保存委員会を2005年４月に発足いたしました。当会は個人もしくは会社が所有している資料の中で、寄贈あるいは安価で譲っていただけるものを史料・文献としてお預かりし、整理して保管することを活動の基本としています。またそれらの集められた歴史を示す史料を、適切な方法で発表することも活動の目的です。委員はすべて有志であり、自動車やオートバイ等を愛し、史料保存の重要性を理解するメンバーで構成されています。

カタログを転載する理由

弊社では、歴史を残す目的により、当時の写真やカタログ、広告類を転載しております。実質的にひとつの時代、もしくはひとつの分野・車種などに関して、その変遷と正しい足跡を残すには、当時作成され、配布されたカタログ類などが最も的確な史料であります。史料の収録に際しては、製版や色調に関しては極力オリジナルの状態を再現し、記載されている解説文などに関しても、史料のひとつであると考え、記載内容が確認できるように努めております。弊社は、その考えによって書籍を企画し、編集作業を進めてきました。

また、弊社の刊行書は、写真やカタログ・広告類のみの構成ではなく、会社・メーカーや当該自動車の歴史や沿革を掲載し、解説しています。カタログや広告類［以下印刷物］は、それらの歴史を証明する史料になると考えます。

著作権・肖像権に対する配慮

ただし、編集部ではこうした印刷物の使用や転載に関しては、常に留意をしております。特に肖像権に関しましては、既にお亡くなりになった方や外国人の方などは、事前に転載使用のご承諾をいただくことは事実上困難なこともあり、そのため、該当する画像などに関しまして、画像処理を加えている史料もあります。史料は、当時のままに掲載することが最も大切なことであることは、十分に承知しております。しかし、弊社の主たる目的は自動車などの歴史を残すことでありますので、肖像権に対し配慮をしておりますことをご理解ください。

三樹書房　編集部

推薦のことば

先進のモノづくりは、わが国にとって生命線である。自然の理にもとづく先進の技術は、感動と夢を与え、技術を超えた「心の糧」となり、若い人々を育む。ロータリーエンジンは、文字通りその代表的な技術といえよう。

ロータリーエンジンは、走りと環境のDNAを備えたエンジンである。その仕組みはダイナミズムの原理そのものである。レシプロエンジンは、ピストンの往復運動をクランク機構により回転運動に変えて動力を得ている。自動車はタイヤを回転させ、路面上をタイヤがころがって走る。したがって原理的には、ローターを回転させて動力を直接得るロータリーエンジンこそが本質である。

しかし、その技術の難しさは尋常ではなく、欧米そして日本をはじめ世界の主要メーカーが挑戦したが、ことごとく幕を閉じている。唯一、マツダが内燃機関の夢の技術を実現。現在に至るまで量産を続け、間もなく200万台を超えようとしている。この偉業は、日本における技術力の象徴として誠に誇り高い。

ロータリーエンジン車「NSUスパイダー」のロードテスト（三栄書房・モーターファン誌主催）は、1964年11月21日に行なわれた。今から47年前のことである。当時、東京大学生産技術研究所・平尾研究室で学んでいた小生は走りや燃費などの動力性能テストに参加。その折、学術界の巨頭隈部一雄博士と富塚清博士が試乗。モクモクと煙を吐く試乗車のハンドルを握り、エンジンのシール技術や量産の可能性をめぐって激論、お互いに最後まで譲らなかった。懐かしい思い出である。

「マツダコスモスポーツ」のロードテストは、その2年半後の1967年6月3日、いつも通り通産省機械試験所の東村山テストコースで行なわれた。しかし、コスモスポーツの高性能の計測には狭すぎ、同9日、マツダ三次自動車試験場での再テストと相成った。運動性能は群を抜き、最高速度は208km/hを記録。その走りの凄さ、加速度感はいまも体感として記憶に残る。

ロータリーエンジンは、次世代の燃料の一つである水素など種々の燃料に適した利点を備え、新たなエールが内外から寄せられている。これからの自動車の最大の課題、それは地球環境との共生である。「走りと環境の共創エンジン」として期待される。

本書は、ロータリーエンジンの誕生にはじまり、さまざまな苦闘の歴史、そして魅力的な進化の実績、さらには自然の理に基づく先進技術の本質にふれながら、ロータリーエンジン車の足跡を誠実に纏め上げている。

ここに衷心よりの敬意を表し、推薦申し上げる次第です。

芝浦工業大学　名誉学長
日本自動車殿堂　会長
工学博士　小口　泰平
（役職当時）

目　次

ロータリーエンジン車の歴史

いまからおよそ60年前、レシプロエンジンに取って代わるのではないかといわれた画期的なエンジンの出現に大騒ぎしたことがあった。フェリックス・バンケル(Dr. Felix Wankel)が発明し、ドイツのNSU社(NSU Motorenwerke AG)の協力で開発したロータリーエンジン(RE)(発明者の名前からバンケルエンジンとも称する)の登場である。NSU社への技術提携の申し込みは、世界各国から100社に及び、日本だけでも34社を数えたという。

しかし、1973年に第1次石油ショック(第4次中東戦争勃発に伴いアラブ諸国は石油戦略を発動、OAPEC(アラブ石油輸出国機構)が石油の減産・禁輸を行ない、OPEC(石油輸出国機構)は原油価格を一挙に4倍に引き上げた)が発生すると、ほとんどの自動車メーカーが予定していた発売計画あるいは開発計画をキャンセルしてしまった。ガソリン価格の高騰と供給不安が、当時は燃費が悪かったロータリーエンジンの息の根をとめてしまったのである。かくして大騒ぎしたあげくのはてに、市販されたクルマ(4輪車)はマツダを除くと、短期間販売されたNSUとシトロエンだけであった。ロシアでも生産されているが詳細は不明である。

今また、2008年のリーマン・ショックを引き金に、世界経済は1930年代の大恐慌以来の危機に突入し、ビッグ3の凋落に象徴される先進諸国の自動車市場の縮小。その一方で世界一の市場に躍進した中国の台頭、新興国における低価格車競争、地球環境対策を背景としたガソリン車からハイブリッドや電気自動車へのシフトなど、劇的な変貌を遂げようとしている。

すばらしいが気難しいロータリーエンジンを、世界で唯一モノにしたマツダのロータリーエンジン車を中心に、その半世紀にわたる歴史をたどってみた。

第1章
ロータリーエンジンフィーバー

NSU社のハイデカンプ社長。

■プロローグ

ロータリーピストンのアイデアは、1588年にイタリアのラメッリ(Ramelli)が考案した揚水ポンプにはじまると言われる。その後、蒸気機関、ガソリンエンジンなどでもロータリーピストンを用いた機関が試みられたが、ガスシールをはじめとする技術的な難しさが多く、連続回転内燃機関としてのロータリーエンジン(RE)は実用化に至らなかった。

1903年生まれのドイツ人フェリックス・バンケル(Dr. Felix Heinrich Wankel)は、はやくからロータリーエンジンに興味を持ち、1924年には自身のワークショップをつくり研究を重ねていた。

1876年、ニコラウス・オットー(Nikolaus August Otto)によって内燃機関の4サイクル原理が確立され、その動力機構は1781年、ジェームス・ワット(James Watt)によって発明された水蒸気利用の動力機構から生まれた、往復ピストンとクランク機構を利用したものであった。そして後年に至るまで動力用内燃機関の多くは往復ピストン型を改良して使われてきた。バンケルはこの往復ピストン型エンジンに疑問を持ったのである。ピストン、弁の往復運動は振動によって高速回転に限界があるのではないか、往復運動の回転運動への転換のためのクランク機構は無駄なスペースを必要としてエンジンを大きくし、重くしているのではないかということである。バンケルが夢見た理想的なエンジンは、コンパクトで軽い高速型エンジンであった。

1951年からNSU(NSU Motorenwerke AG)社の協力を得て生産化を目指して本格的な共同研究を進めた結果、1954年に後年のロータリーエンジンの基本形である、まゆ型のダブルアーチ型エピトロコイドのハウジングに、三角むすび型のローターを組み合わせるアイデアを考え出した。そして翌年、スツットガルト大学のバイエル(Baier)教授が、ハウジングとローター加工用の特別な研削機械を開発したことで、いよいよ実機での検討段階に進んだ。

1929年に4輪車工場をフィアットに売却し、1932年以降モーターサイクルの生産に専念していたNSU社は、まず初めにバンケルロータリーの機能確認のため、1956年に100ccのバンケル型スーパーチャージャーをつくり、50ccエンジンに組み付け13psの出力を得た。それを2輪のレコードブレーカーに搭載して速度記録に挑戦、米国のボンネビル・ソルトフラッツで196km/hの速度記録を樹立した。

そして、1957年2月1日、最初のロータリーエンジンDKM54(drehkolbenmotor : rotary piston engine 54cc)型がNSU社のテストベンチで初めて産声をあげた。数ヵ月後には容量の大きいDKM125(125cc)

フェリックス・バンケルと1957年に製作されたDKM125型試作ロータリーエンジン。

1956年、2輪のレコードブレーカー「バウムII」の50ccエンジンに組み付け13psの出力を発揮した100ccのバンケル型スーパーチャージャー。

米国のボンネビルで196km/hの速度記録を樹立したバウムⅡ(Baumm Ⅱ)。バウムはデザイナー、グスタフ A. バウム(Gustav A. Baumm)の名前からつけられたもの。

型が完成する。DKM型はローターに加えて、ハウジングも回転するという複雑な構造であったが、同じ年に改良が加えられ、ローターを偏心軸(eccentric shaft:エキセントリックシャフト)に取り付けることでハウジングを固定したKKM125(kreiskolbenmotor : circuitous piston engine 125cc)型を完成し、1958年に台上テストをスタートした。これが、後にマツダが生産するロータリーエンジンの基本モデルとなった。

1958年10月、米国の航空機エンジン製造会社、カーチスライト(Curtiss Wright Corp.)社がNSU社と契約を結び、最初のライセンシー(特許権被許諾者)となり、ロータリーエンジン開発に参画した。カーチスライト社は同時に米国、カナダ、メキシコにおけるライセンサー(特許権許諾者)の権利も取得している。

1959年11月にプレス発表。1960年1月には、ミュンヘンのドイツ博物館でドイツ技術者協会(VDI)に対し特別講演と公開運転が実施された。この時点では、未解決の問題も多く、単独での開発には限界を感じ、多くの企業にライセンス供与をして特許料収入を得ると同時に共同開発するのが得策と決断したため、世界中の企業による「NSU－バンケル詣で」がはじまった。

1970年代初めに発行されたNSU社の広報資料によると、最初に契約を結んだのは米国のカーチスライト社で1958年10月。以下、クルマ関係では1960年12

バウムⅡは、この着座姿勢から「フライング デッキチェア」のニックネームを頂戴した。

1957年に完成したDKM125型ロータリーエンジン。

月にフィヒテル & ザックス(Fichtel & Sachs AG、独)社、さらに、NSU社の広報資料には載っていないが、フランスのシトロエン社発行の史料には、シトロエンは1960年に共同開発の契約を締結したとある。1961年2月にヤンマーディーゼル、東洋工業(現マツダ、以降マツダと記す)、10月にダイムラー・ベンツ社、マン(MAN: Maschinenfabrik Augsburg Nürnberg AG、独)社、1964年3月にダイムラー・ベンツ社(ディーゼル)、4月にアルファロメオ社、1965年2月にロールスロイス社、3月にポルシェ社、1967年5月にコモトール(Comotor S.A.: NSUとシトロエンの合弁会社)社、1970年10月に日産、11月にGM社、鈴木、1971年5月にトヨタ、11月に独フォード社、1972年7月にBSA(Birmingham Small Arms Co. Ltd: 英)社、9月にヤマハ、10月に川崎重工が名を連ねている。

カーチスライト社には包括的なライセンスを与えているが、その他の企業とは限定的なライセンス契

1957年に完成したKKM125型エンジン。後のロータリーエンジンの原型となったモデル。

約を結んでおり、NSU社のしたたかさが読み取れる。

■カーチスライト社のこと

なぜカーチスライト社はロータリーエンジンフィーバーの起こる1年以上前にNSU－バンケルと契約締結できたのだろうか。

1956年8月、当時業績不振で支援を求めていたスチュードベーカー・パッカード（S-P）社に対し、カーチスライト社は3年間の期限付きで経営顧問契約を締結していた。1958年のあるとき、S-P社の技術者が燃料噴射装置の調査のため、ドイツのメーカーであるクーゲルフィッシャー（FAG Kugelfischer）社を訪れたとき、NSU社が新しいエンジンを開発していると聞き、詳しく知りたいとNSU社を訪問した。その頃はまだ技術の秘匿に厳しさの無かったNSU社は、S-P社の技術者にロータリーエンジンのモデルを1台持ち帰らせた。このサンプルがカーチスライト社に渡り、同社の関心をひく。当時カーチスライト社はジェットエンジンでP&W（Pratt & Whitney）社、GE（General Electric）社に遅れをとっており、生き残るために核となる画期的な新製品を模索していた。

早速NSU社と交渉し、ロータリーエンジン製造特許のライセンシー第1号となる。同時に、米国の特許に関する法律に精通していなかったNSU社に代わって、米国、カナダ、メキシコ内の自動車とモーターサイクル製造会社に、NSU社の事前承認を受けることを条件に特許権を売ることができるライセンサーの権利も獲得した。契約金額は初期払込み210万ドル、ランニングロイアルティ（running royalty：売上高に応じて支払う特許権使用料）5%であったと言われる。

NSU社との契約に成功すると、S-P社との経営顧問契約は期限を1年近く残して1958年9月に破棄してしまった。パッカードは1958年型を最後に59年の歴史に幕をおろし、スチュードベーカーも1966年型を最後に消滅してしまう。

カーチスライト社はロータリーエンジンの開発を極秘裏に進めていたが、あるときシール製造会社の技術者にロータリーエンジンだと見破られてしまう。焦ったカーチスライト社は急遽主要紙にロータリーエンジン開発に関する全面広告を掲載する。1959年11月23日のことであった。「未来のエンジン」の出現でカーチスライト社の株価は一気に50%ほど上昇したと言われる。しかし、この突然の公表はNSU社とバンケル社の怒りを買い、NSU社がニューヨークのウォルドルフ・アストリアホテルでの記者会見を設定し、カーチスライト社にロータリーエンジンの元祖はドイツのNSU－バンケルであるとの声明を発表させる騒ぎとなった。

カーチスライト社は984ccのシングルローターおよび２ローターの自動車、船舶用エンジンをはじめ、小は空冷70cc、3.5ps/4000rpmの芝刈り機用から大は3万1488cc、872ps/1525rpmの試作エンジン、さらには空冷984cc x 4ローターの航空機用エンジンなどバラエティに富んだ挑戦をしたが、肝心の顧客があらわれず、1984年にロータリーエンジンに関わるすべての事業をディア（Deere & Co.）社に売却してしまった。さらにディア社も1991年に新会社RPI（Rotary Power International）社にロータリーエンジン事業を売却したが、2002年頃からほとんど活動していないようだ。

■市販されたロータリーエンジン車

NSU バンケルスパイダー（1964/9～）

NSU社はロータリーエンジンの開発を進める一方、1958年には27年振りに乗用車の生産を再開する。そして5年後の1963年9月、フランクフルト・モーターショーで世界初のロータリーエンジン車NSUプリンツ・バンケルスパイダーを発表した。量産開始は1964年9月で、初年度生産計画は3000台以上を予定していたようだが、実際には152台しか生産されず、1967年までの3年間にわずか2375台生産されたに過ぎない。

1960年1月、完成した250ccのシングルローターユニットをNSUプリンツⅢに載せ、初めて走行テスト段階に入った。バンケルスパイダー発表時に配布された広報資料によると、1960年には市販クーペのスポーツプリンツに試作ロータリーエンジンを積み、デンマークからイタリアに至るヨーロッパの広い範囲をテストフィールドに実車走行テストを開始している。供試エンジンは250、400、500ccの合計7種類で、テスト走行時は常時スペアエンジンを用意し、故障したテスト車を拾って目立たない場所に運ぶためのトラックを常に用意していたという。この救援トラックをテストドライバーたちは「the Hearse：霊柩車」と呼んでいた。ちなみに、彼らがエンジン交換に要する時間はたったの1時間であったと記されている。

不具合については、ローターハウジングのチャタマーク（波状摩耗）、シーリング不良によるオイルの燃焼で発生する白煙と過大なオイル消費量、ギア

1960年、初めてNSUプリンツⅢに搭載され、走行テストに供されたKKM250型ロータリーエンジン。

1960年、KKM250型試作エンジンの実車テストに使われたNSUプリンツⅢ型の同型車。

1960年からNSUバンケルスパイダー用試作エンジンの実車走行テストに使われたNSUスポーツプリンツの同型車。

1964年9月、世界初の量産ロータリーエンジン車として発売されたNSUスパイダー。

NSUスパイダーに搭載されたKKM502型500ccシングルローター 64psエンジン。

NSUスパイダーのコンパクトなロータリーエンジンの上部に確保されたトランクルーム。

の破損、高温によるスパークプラグの破損、キャブレターのマッチング不良などが記されているが、なかでも排気管からの白煙はすさまじく、煙幕は300ヤード（約270m）にもおよび「後続車が煙の中を突き進んでいくと犯人はNSUだった。」などと正直に記されている。

上記不具合はすべて解決されたとあるが、そうではなかったということが生産実績からも読み取れる。アペックスシールをはじめとするロータリーエンジン関連不具合が多発し、しかも販売店の修理能力が低く、エンジン不具合に対してはエンジン交換で対応したためサービス費用が経営を圧迫した。わが国へも輸入され、ロードテストの結果は「モーターファン」誌1965年1月号、「モーターマガジン」誌1965年2月号などに掲載されているが、当時「モーターファン」恒例の大学教授、大学の研究室などのメンバーによる座談会では、ロータリーエンジンの将来性について肯定的な意見と、否定的な意見とに分かれ調整に苦労したと言われる。

マツダのRE（ロータリーエンジン）研究部長でのちに社長を務め、バンケル博士と親交のあった山本健一は、1963年暮にNSU社を訪問した際にその発売計画を聞いた。ロータリーエンジンは玉成されておらず、失敗したらマツダのみならずロータリーエンジンそのものへの打撃となるので、1964年の発売は時期尚早であると抗議したが拒絶された。西独では経営陣の上位に株主代表によって構成される監査委員会があり、25％以上の株主の判断で、経営計画に対し拒否権を発動できた。山本はこの監査委員会から派遣された法務、契約担当役員に直接抗議したのである。

監査委員会はライセンス契約にミニマムロイアルティという制度を設けていた。これはNSU社がロータリーエンジン車の生産を開始してから2年以内に生産を開始しないライセンシーからペナルティーとして附加的契約料を徴収できる仕組みであり、これも生産を急ぐ理由のひとつであったろう。

これより前に、ライセンシーの技術者会議において、山本はNSU社のハイデカンプ（Dr. Gerd Stieler von Heydekampf）社長の志の高いスピーチに感銘を受けたあとであり、監査委員会の姿勢とのギャップの大きさは許し難いものであったと述べている。

ヘゲ（John B. Hege）の著書「The Wankel Rotary Engine – A History」によると、1959年11月、ロータリーエンジンが公式発表されるとNSU社の株価は急騰した。主要株主であり、NSU社をお荷物に感じていたドレスナー（Dresdner）銀行は千載一遇の好機と捉え、持株の売却を決定する。それを知ったカーチスライト社が特許料収入をあて込んで買収を試みたが、米国企業に買収されるのを嫌い、小口に分けられて一般投資家に売却された。やがて、これらの投資家から、いつになったらロータリーエンジン車が買えるのかと質問状が出されるようになり、これに応えて1964年に発売すると発表するが、この決定はハイデカンプ社長の承認を得ずに行なわれたと記されている。

NSU Ro 80（1967/10～）

シングルローターは低速でのトルク不足と振動が避けられず、これを解決する2ローターユニットが1965年9月のフランクフルト・モーターショーで発表された。そして、2年後の1967年9月、2ローターユニットを搭載し、斬新なスタイルと機構を備えた全く新しいクルマNSU Ro 80が発表され、同年10月から量産を開始した。

1964年にスタートしたヨーロッパの「カーオブザイヤー」を、1968年にドイツ車として初めて受賞したRo 80であったが、エンジンの耐久性については解決されておらず、販売は伸びず経営は悪化し、NSU社は1969年にフォルクスワーゲン傘下のアウトウニオン社と合併してアウディ NSU アウトウニオン（Audi NSU Auto Union GmbH）社となった。しかし、フォルクスワーゲンがロータリーエンジンの開発に興味を示さなかったため、1977年までの10年間に合計3万7402台生産しただけで、元祖であり、ライセンサーであったNSUはロータリーエンジンを捨ててしまった。NSUの技術陣は新しいロータリーエンジンを量産可能なレベルまで開発していたが、1979年にこれを量産する予定はないと公表している。だが皮肉なことに、基本特許の最後の特許が有効期限の20年を迎える1983年まで、マツダは毎年多額のロイアルティを支払わねばならなかった。1985年には社名はアウディ（Audi AG）社となり、本社もネッカーズルム（Neckarsulm）からインゴルシュタット（Ingolstadt）に移り、NSUの名前は消滅してしまった。

1969年の合併の際、当時のNSU社の株主からの強

1967年10月に発売されたNSU Ro 80。

NSU Ro 80に搭載されたKKM612型497.5cc×2ローター 114psエンジン。

シトロエンM35に搭載されたKKM613型995ccシングルローター 49psエンジン。

い要望で、ロータリーエンジンに関する特許料収入の内、NSU社の取り分は引き続きNSU社の株主に分配することになり「受益証券(Genussscheine)」が発行された。3社の取り分は、米国外からの特許料収入の場合にはNSU社54%、バンケル社36%、カーチスライト社10%。米国、カナダおよびメキシコ内からの場合はカーチスライト社60%、NSU社24%、バンケル社16%であり、このうちのNSU社の取り分が「受益証券」所有者に分配された。額面50DM(ドイツマルク)の「受益証券」が1970年には84.20DMを記録したが、1983年には3.55DMで配当は年16ペニヒに落ち込んでしまい、「証券の顔も見たくない」ので、配当を受け取りに来ない者が多かったという。

シトロエンM35(1970/1〜)

シトロエン社のロータリーエンジン開発は、1950年代終わり頃から始まったと言われるが、1965年3月にNSU社と合弁でロータリーエンジン車の市場開拓、車両の企画などを担当するコモビル(Société d' Étude Comobile)社をジュネーブに設立し本格化した。そして、1967年にはNSU社と合弁で製造会社のコモトール(Comotor SA)社を設立、1969年に西独に工場用地を購入し1971年には完成している。

シトロエン社は1934年にトラクシオン・アヴァン、1949年に2CV、そして1955年にはDSと次々に斬新なモデルを世に送り出しており、当時の社長ピエール・ベルコット(Pierre Bercot)がつぎの目玉はこれだと決めたのはごく自然な成り行きであろう。1967年5月、世界初の２ローターエンジンを搭載したマツダ・コスモスポーツの登場にも背中を押されたと推察する。

1970年1月、実車による市場テストのためM35を500台限定生産することを発表。このクルマはアミ8のプラットフォームに2+2クーペボディを載せ、このクラスでは初めてハイドロニューマチック・サスペンションを備えていた。駆動方式はFF(フロントエンジン・フロントドライブ)。エンジンはNSU製KKM613型シングルローター 995cc、49ps/5500rpm、7.0kg-m/2745rpm。販売対象は年間3万km以上走行するユーザーを優先するとの触れ込みであったが、実際に生産されたのは267台であった。車両の保証期間は1年であったが、エンジンに関しては2年/走行距離無制限が与えられた。M35の総走行距離は3000万kmを超えたと言われる。

1970年にロータリーエンジンの実車による市場テストのために限定生産されたシトロエンM35。

シトロエンGSビロトール(1974/3〜)

1970年のパリ・モーターショーで、1015ccの空冷水平対向4気筒55.5ps、FFの新型車シトロエンGSが発表されたが、1973年のパリ・ショーには、このモデルにコモトール製KKM624型995cc×2ローター、107ps/6500rpm、14.0kg-m/3000rpmを積んだGSビロトールを発表した。翌1974年3月に発売されるが、同年6月、シトロエンはプジョーの傘下に入り、プジョーがロータリーエンジンに興味を示さなかったのと、タイミング悪く1973年に発生した第１次石油ショッ

1974年3月に発売されたシトロエン GS ビロトール。

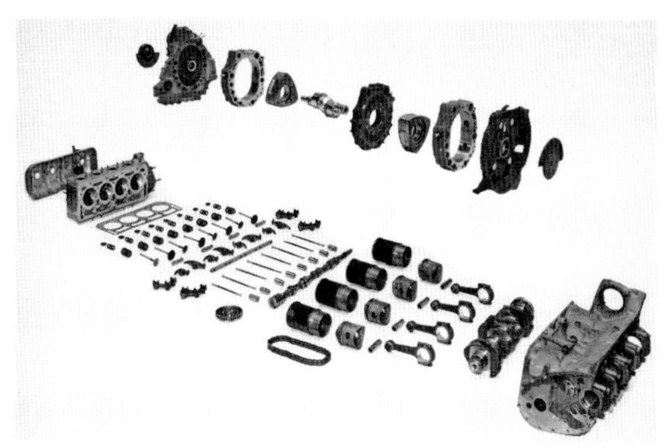

GSビロトールのエンジンと、同程度の排気量/出力を持つレシプロエンジンとの本体構成部品の比較。ロータリーエンジンがいかにシンプルかが分かる。

クが、燃費の悪いロータリーエンジン車を敬遠させ、わずか847台造られただけで1975年3月に生産を終了してしまった。

当初シトロエン・アミ(Ami)とDS/IDとのギャップを埋めるモデルとして、「Fプロジェクト」の名前で、平凡なモデルと、ハイドロニューマチック・サス、ロータリーエンジンなどを採用したユニークなモデルを同時立ち上げすべく計画していたが、途中で中止して、のちにGSとなるレシプロエンジンとハイドロニューマチック・サスを積んだ単一モデルを開発する「Dプロジェクト」に切り替えている。ロータリーエンジンの玉成が計画どおり進まなかったのも計画変更の理由ではなかろうか。

新開発の空冷水平対向4気筒エンジンを積んだシトロエンGSを1970年に発売するや大ヒットとなり、信頼性や燃費が劣るロータリーエンジンに魅力を感じなくなってしまったのもうなずける。市販されたGSビロトールは、将来のサービス対応の煩わしさを勘案し、その後リコールされほとんど処分されたと言われるが、わが国には少なくとも1台は現存している。

シトロエンGSビロトールに搭載されたKKM624型995cc×2ローター 107psエンジン。

GSより車格が上のDSの後継車、CXにロータリーエンジンを搭載する計画もあったが中止されている。

シトロエンはコモトール社製ロータリーエンジンを他社にも供給して生産台数を増やし、生産コストの低減を目論んだが、組立コストは高く、さらに最悪のタイミングで発生した1973年の第1次石油ショックによって燃費が悪く、信頼性も低かったロータリーエンジンは、わが国のマツダを除く世界中の自動車メーカーから敬遠されてしまった。

シトロエン社では1960年代中頃、ライカミング製エンジンを搭載したオートジャイロの研究をしていたが、これにロータリーエンジンを積むことを考え、やがて小型ヘリコプターの開発に移行していく。1971年に航空宇宙産業公社(S.N.I.A.S.:Société nationale industrielle aérospatiale)からの依頼で、コモトール社製2ローター 190psエンジンを積んだヘリコプターを完成するが、燃料消費量が多いのがネックとなり採用には至らなかった。その後もヘリコプターの研究は続けられ、一時はスウェーデンのサーブ社との合弁事業も検討されたが実現には至らず、1979年にヘリコプターの開発は終了した。

■市販されなかったクルマたち

NSU社とライセンス契約を結んだ企業は、それぞれ気合の入れ方に差こそあれ、ロータリーエンジンの開発に励んでおり、量産には至らなかったが、いくつかの試作モデルがモーターショーなどに登場して夢を与えてくれた。

1969年8月15日、300SLの後継ではないかと噂され

1969年8月、発表されたメルセデス・ベンツC111実験研究車。600cc×3ローター 280psエンジンを積む。

メルセデス・ベンツC111-Ⅱのエンジンルーム。リアミッドシップに積まれ、右側に遮熱対策が施された荷物トレイが見える。

ていた、3ローターユニットをミッドシップに収めたスポーツカー、メルセデス・ベンツ C111が発表され、翌月開催されたフランクフルト・モーターショーに姿を現わした。残念ながら市販の予定はなく、あくまでもスタイリング、新技術、特にグラスファイバー（GFRP：Grass Fiber Reinforced Plastics）ボディなどの研究開発のための実験車であった。翌1970年3月11日、ジュネーブ・モーターショーにおいて4ローターに強化した改良型C111-Ⅱを発表した。このクルマは1970年10月に開催された第7回全日本自動車ショーにも登場している。

一時は実用性調査を兼ねて特定の顧客に限定販売あるいはリースすることも検討されたようだが、最終的には経営会議において中止の決定がなされてしまった。ロータリーエンジンの耐久性がメルセデスの基準を満たすレベルに達していなかったか、1970年代に入って厳しくなる排出ガス規制対応の困難さ、サービス対応の難しさ、生産コストなどの要因が考えられる。製作台数はI型（Ⅱ型発表の時点で初期型をI型と称した）6台、Ⅱ型７台のあわせて13台と言われる。余談だが、1969年に1台のC111にV8エンジンを搭載してテストした結果、ラフで騒々しく感じ、改めてロータリーエンジンのスムースで静粛なことを認識したという。

1976年6月、イタリアのナルド（Nardo：1周12.5kmの円形高速テストトラック）で3ℓ、5気筒ターボ・ディーゼルに換装されたC111-ⅡDが16のスピード記録を樹立し、再び注目された。

GM社は1973年9月のフランクフルト・モーターショーに2ローター 180psのロータリーエンジン（GMRCE：General Motors Rotary Combustion Engine）を積んだコンセプトカー、コルヴェットXP-897を出展した。デザインはGM社で行なわれたが、ボディ架装はイタリアのピニンファリナが担当した。

同年10月のパリ・モーターショーにGM社はもう1台、2ローターユニットをタンデムに2台結合した4ローター GMRCEを搭載したモデルを発表している。1970年に発表されたコンセプトカー、コルヴェットXP-882のシャシーを流用したモデルである。GMRCEプロジェクトが中止されたあと、このモデルは1977年にV8エンジンに換装され「エアロ・ヴェット」の名前で再度登場している。市販計画もあったよ

1970年3月に発表されたメルセデス・ベンツC111-Ⅱ実験研究車。600cc×4ローター 350psエンジンを積む。

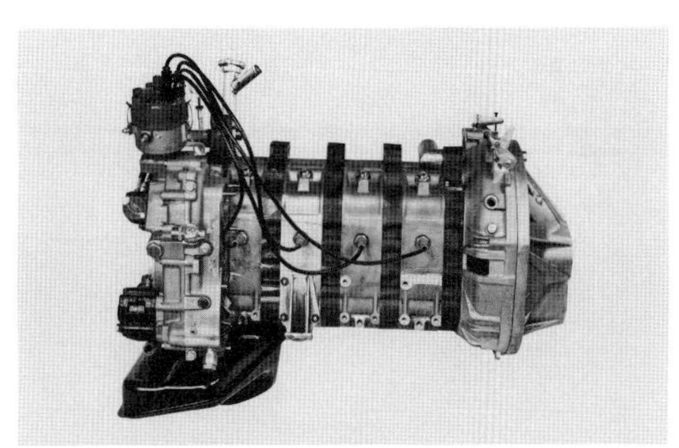

メルセデス・ベンツC111-Ⅱに搭載された4ローター・ロータリーエンジンの本体部分。

1973年9月のフランクフルト・モーターショーに登場した、2ローターのロータリーエンジンを積んだGMのコンセプトカー、コルヴェットXP-897。

1975年春にロータリーエンジンを積んで登場するはずだった1975年型シボレー・モンザ2＋2。

うだが実施には至らなかった。

GM社の契約締結は遅かったが、1967年にエドワード・コール（Edward N. Cole）が社長に就任するとロータリーエンジンの開発に積極的となる。コール社長は1930年にGM社に入社、1952年にシボレー部門のチーフエンジニアとなり、スモールブロックV8や、ゾラ・ダントフ（Zora Arkus-Duntov）と組んで初期のコルヴェットの開発を主導。1956年にシボレー部門のジェネラルマネージャーとなったあとは、コンパクトカーのコルベア、サブコンパクトカーのヴェガ、排気対策用の触媒コンバーターの開発などを主導してきたエンジニア社長であった。

1970年11月、GM社はロータリーエンジンのライセンスを取得し開発をスタートさせたが、マツダは米国におけるライセンサーであるカーチスライト社を通じて、GM社に対してエンジン単体および部品を供給して開発のサポートをしている。

1974年9月20日、GM社は1975年春にロータリーエンジン搭載のシボレー・モンザ2＋2を発売予定と発表するが、10日後の9月30日にコール社長は退職してしまい、やがてGM社はロータリーエンジン車の生産を延期すると発表。1977年4月、排気ガスおよび燃費がレシプロエンジンと同等になる可能性はないとしてロータリーエンジンの開発中止を公式発表した。

GM社長を退いたエド・コールは、チェッカー・モーター（Checker Motor Corp.）社の会長兼CEOを務めるが、GM社がロータリーエンジン撤退を発表した1ヵ月後の1977年5月、嵐の中を自家用機で移動中に墜落し帰らぬ人となってしまう。享年67歳であった。

GM社がロータリーエンジン車の販売に踏み切ったら、カーチスライト社からロータリーエンジンを購入して追従しようとしていたアメリカン・モーター（AMC）社、クライスラー社なども発売を断念してしまった。1975年に発売された、AMCの新型サブコンパクトカー、ペーサーはロータリーエンジン搭載を前提に駆動方式をFFで設計したが、直前にキャンセルされ、急遽自前の直列6気筒エンジンを使い、駆動方式もFRに変更したと言われている。

1975年10月、GM社の副社長であったジョン・デロリアン（John Z. DeLorean）が自身の理想のクルマを造るため、GM社を退職してデロリアン・モーター（DMC：DeLorean Motor Co.）社を設立し、デロリ

1973年10月のパリ・モーターショーに登場したGMの4ローター・ユニットを積んだコンセプトカー。

当初、ロータリーエンジン搭載を前提に開発されたといわれる1975年型AMCペーサー。

シトロエンのロータリーエンジンを積む予定で計画されたというデロリアンDMC-12。

1977年の第22回東京モーターショーに、トヨタが「新しいエンジンを目ざして」と題して出展した、左からロータリーエンジン、ディーゼルエンジン、ガスタービンエンジン。

アンDMC-12を製作したが、最初はシトロエンとNSUの合弁会社であるコモトール社製ロータリーエンジンの搭載を前提に設計されたと言われる。いろいろなエンジンを検討するなかでマツダ製ロータリーエンジンについても検討され、ある時、マツダの山本健一あてに、米国におけるマツダの販売ネットワーク構築の功労者で、1975年にDMCのマーケティング担当副社長になったディック・ブラウン（C.R. "Dick" Brown）から、マツダのロータリーエンジンのDMC-12への供給の可能性について打診の手紙が送られてきたと山本は記している。最終的にDMC-12に搭載されたのはプジョー、ルノー、ボルボ３社が共同開発した燃料噴射式V型6気筒エンジンであった。

わが国では、いすゞ自動車が1963年の第10回全日本自動車ショーに独自技術で開発したと称するロータリーエンジン単体を出展したが、その後の消息は不明。

日産自動車は当時の川又社長のトップ指示によって、1970年10月にNSU社とライセンス契約を締結、2代目シルビア（S10型）への搭載を目標に開発を進めた。しかし、先行していたマツダがすでに多くの周辺特許を持っており、抵触を回避しながらの開発は困難を極めた。結局、基本設計はNSU Ro80に搭載されたKKM612型をベースに、国内の昭和48年排気ガス対策を施す最小限の変更にとどめた。部品メーカーは専用部品の開発も終え、日産は生産設備を整え、サービス教育用教材手配まで進行していたが、1973年に起こった第1次石油ショックは燃費の悪かったロータリーエンジンにとって致命的な出来事であった。1973年を予定していた発売時期を遅らせ、燃費改善と昭和50年排気ガス規制に対応すべく開発を進めたが、触媒を使うレシプロエンジンにくらべ30％以上燃費が悪かった。この仕様で1974年3月、運輸省の型式認定公式試験を受けたが、さらなる燃費改善が必要と判断し申請を取り下げている。しかし、懸命の努力にもかかわらず、レシプロエンジンの燃費を上まわる解決策は見いだせず、当時、最重要課題であった昭和53年排気ガス対策に経営資源を集中することとな

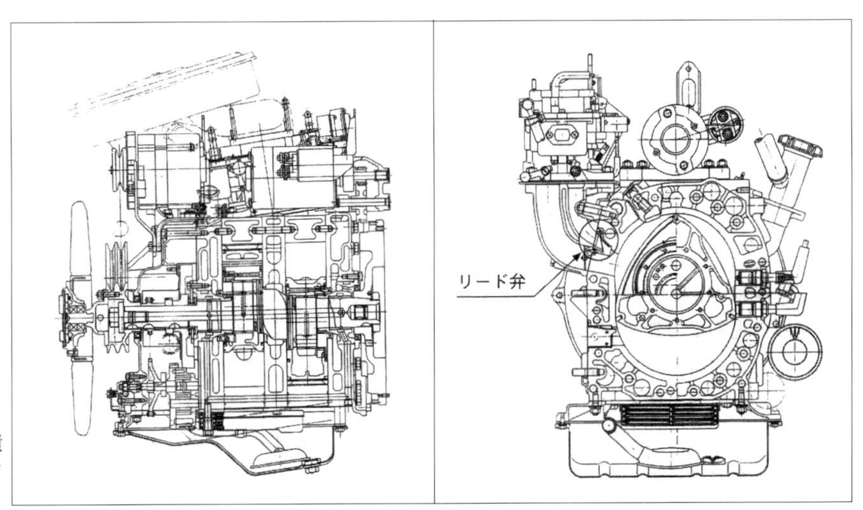

日産自動車が2代目シルビアに積む予定だったロータリーエンジンの2面図。

り、1976年3月、ロータリーエンジン開発中止の最終判断がくだされ、シルビア・ロータリーは幻のクルマとなってしまった。

日産自動車は1972年10月の第19回東京モーターショーに2ローターユニットを積んだサニークーペを出展している。

トヨタ自動車も量産には至らなかったが、1977年10月の第22回東京モーターショーに2ローターユニットを出展している。595cc×2ローター、125ps/6000rpmで耐久性、オイル消費は実用化のめどがたち、排出ガス対策はNOxについてはロータリーエンジンの本質と希薄燃焼により対応。HC、COについては酸化触媒方式で昭和53年規制に適合させていた。2系統のキャブレターと吸気マニフォールドを取りつけ、ひとつはサイドポート、もうひとつはペリフェラルポートから吸気する2層吸気方式の採用で着火性の改善と希薄燃焼を実現し、燃費の向上をはかったが、レシプロエンジンには及ばなかったという。

後に、産業技術記念館に2層吸気方式ではなく、燃料噴射方式を採用した試作ロータリーエンジンが展示されている。

■わが国で唯一量産されたロータリーエンジン搭載モーターサイクル：スズキRE-5

モーターサイクルの世界でもロータリーエンジンフィーバーが起こり、1972年10月に晴海で開催された第19回東京モーターショーにヤマハRZ201が登場した。マツダとほぼ同時期の1961年2月にNSU社とライセンス契約を結んでいたヤンマーディーゼルとヤマハ発動機が共同開発した試作モデルで、水冷2ローターでサイド、ペリフェラルを併用したコンビネーションポート方式を採用していた。川崎重工業（カワサキ）、本田技研工業（ホンダ）も試作モデルをつくったが、いずれも市販には至らなかった。

1972年の第19回東京モーターショーに登場したが、市販されなかったヤマハロータリー RZ201。

唯一量産モデルを出したのは鈴木自動車工業（現スズキ、以降スズキと記す）で、1973年10月に開催された第20回東京モーターショーにスズキRX-5の名前で出展された。その後、欧州、米国にサンプル出荷し、販売体制およびサービス体制を整え、1974年11月に名称をスズキロータリー RE-5と改め本格的な輸出を開始した。輸出先は米国、カナダ、欧州、大洋州で生産目標は月産1000台であったが、2年後の1976年に生産終了するまでに生産された実数はかなり下まわり、6000台ほどと言われているが、スズキ広報の確認はとれなかった。エンジンは水冷シングルローター 497cc、62ps/6500rpm、吸気ポートはペリフェラルポートを採用、ポート数を大1、小2の3つ設け、低速から高速への立ち上がりをスムースにしていた。大型のラジエーターと電動ファンを備える。当時、国内市販車の排気量は750cc以下という自主規制があり、ロータリーエンジンの排気量換算法に従うと994ccとなるため国内販売はされなかった。デザインはイタリアのジョルジェット・ジウジアーロ（Giorgetto Giugiaro）が担当している。

海外では1970年にドイツのIFMA（International Facility Management Association）モーターサイクルショーでDKW社が、フィヒテル＆ザックス社製空

1974年、輸出専用車であったが、わが国で唯一ロータリーエンジンを搭載して量産されたスズキRE-5。

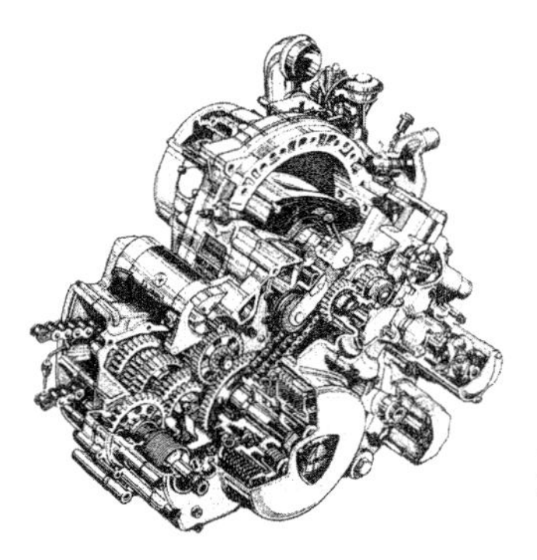
スズキRE-5に搭載された497ccシングルローター 62psエンジン。

1974年にフィヒテル＆ザックス社製空冷シングルローター27psを積んで発売されたハーキュリスW2000。

冷シングルローター27psエンジンを積んだハーキュリス（Hercules）W2000を発表。1974年に発売されたが、1800台ほど販売したあと、1977年に生産設備はそっくり英国のノートン・モーターサイクル（Norton Motorcycle Co.）社に売却されてしまう。ノートンではまずフィヒテル＆ザックス社同等のエンジンをBSA 250スターファイヤーのシャシーに載せて発売したが、やがて、独自の設計になる2ローターユニットを開発する。ノートンは1990年代中頃まで空冷2ローターと水冷2ローターのモデルを販売していた。

ノートンは2007年の英国バーミンガム・モーターショーに改良されたロータリーエンジンを搭載したノートンNRV588レーサーを出展した。エンジンは電子制御燃料直接噴射588cc×2ローター、170ps/11500rpm、11.1kg-m/8000 ～ 11000rpm、電動ウォーターポンプによる水冷と強制空冷ローターを持つ。スロットルはフライバイワイア方式を採用。2021年には元ノートン技術者が立ち上げた会社から、ロータリーエンジンを搭載したクライトンCR700Wが発表された。オランダでも1976年から1978年にかけて、シトロエンとNSUの合弁会社であるコモトール製水冷2ローター100psエンジンを積んだバンビーン（Van Veen）OCR1000が生産された。そのほかロシアでも生産されたが詳細は不明。それにしても、モーターサイクルを生産しており、ライセンサーであるNSU社からロータリーエンジン搭載車が発売されなかったのはなんとも皮肉な話である。

■エピローグ

一時は各社とも夢中になったのに、何故マツダだけになってしまったのだろうか。

マツダのRE研究部長でのちに社長を務めた山本健一が1963年暮にNSU社を訪問した際、翌年にバンケルスパイダーが発売されることを知り、ロータリーエンジンは玉成されておらず、失敗したらマツダのみならずロータリーエンジンそのものへの打撃となる、1964年の発売は時期尚早であると抗議したが拒絶されたと前述したが、この心配が現実のものとなったわけである。NSU－バンケルの当初の思惑は、多くの企業にライセンス供与し、ライセンス料で稼ぎ、同時に開発の成果を相互補完させようとしたのではないか。しかし、社運を賭けたマツダがいち早く決断し、その開発スピードが予想をはるかに超えたものであったため、"ギブ＆テイク"は成り立たず、後発のライセンシー各社は、マツダの取得した周辺特許に抵触せずに開発するのが難しくなってしまった。基本特許料に加え周辺特許料と設備投資を考え、経営陣は悩んだであろう。マツダの山本健一が指摘したように、高いライセンス料を払ってもそのまま使える代物ではなかったのである。そこに、多くのライセンシーにとって幸か不幸か第1次石油ショックが起き、当時は燃費改善の目処がたっていなかったロータリーエンジン開発中止の口実となってしまったのではないだろうか。

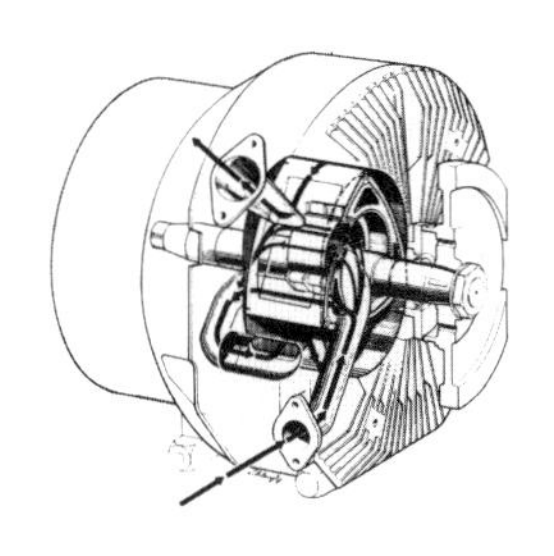

フィヒテル＆ザックス社製空冷シングルローターエンジン。混合気が吸入ポートに入る前にローター内を通過させて冷却する独特の構造を持つ。

バンケル博士と親交のあったマツダの山本健一は「バンケル博士はレシプロエンジンより熱効率がよく、コストの安いエンジンを発明してレシプロエンジンに取って代わろうという野望を持った実業家型エンジニアではなかったにもかかわらず、当初、ライセンサーのNSUが将来のエンジンはロータリーエンジンであるかのように宣伝して、ライセンシーを増やしロイアルティを稼ごうとした姿勢が、ロータリーエンジンそのものの発展に大きなダメージを与えたことは不幸な事実である。」と述懐している。

最後に明るい話題をひとつ。2010年のジュネーブ・モーターショーにロータリーエンジン復権を予感させる1台のコンセプトカーが登場した。メガシティビークル（MCV）と称する電気自動車、アウディ A1

2010年3月のジュネーブ・モーターショーに登場したアウディA1 e-tron。

e-tronである。一般的なユーザーが日常走る距離は50km以下であることから、高価で重いバッテリーの搭載量を極力減らし、市街地においてゼロエミッション車として走行できる距離を50km程度に抑えている。そして、緊急用に「レンジエクステンダー（航続距離延長装置）」と称する小型の254ccシングルローターのロータリーエンジンが搭載されており、15kWの発電機を駆動してバッテリーを充電すると、12ℓの燃料タンクで走行距離はさらに200km増加する。燃費基準（案）に基づいてこのクルマの燃料消費量を計算すると52.6km/ℓとなり、CO_2排出量はわずか45g/kmという。

ロータリーエンジンの長所は、振動がほぼゼロの静かな作動、コンパクトで軽量なこと。エンジン、発電機、専用のパワーエレクトロニクス、インテークおよびエキゾースト、冷却ユニット、断熱遮音材、サブフレームも含む総重量はわずか70kg程度に収まると言われていた。

バッテリーEVのレンジエクステンダーとしてロータリーエンジンの復権を期待したが、2023年、期待に応えロータリーエンジンにアドバンテージを持つマツダから発売されたのがMX-30 Rotary-EVである。

第2章 ロータリーエンジンをモノにしたマツダの苦闘

■マツダがロータリーエンジン開発を決断したわけ

1960年頃、まだ開発途上国であった日本は自動車産業に関し完全な保護主義をとっていた。通産省（現国土交通省）は自動車産業を将来の戦略的基幹産業と位置付け、国際競争力を持つまでは保護主義をとる必要があると考えていたのである。そして育成策として特定産業振興法（特振法）が検討されていた。この頃、多くのメーカーが4輪自動車の生産をはじめていたが、これを、当時御三家と言われたトヨタ、日産、いすゞを核とした3グループに再編し、税制、融資面で優遇し、強化しようというものであった。

松田恒次社長（当時）。

山本健一RE研究部長（当時、のちに社長）。

もしこれが実行されれば、マツダはどこかに吸収される可能性が高く、当時の社長であった松田恒次はどうにかしてマツダの独立を守りたいと思案していた。

このような状況の折、1960年初めに松田社長のもとに西ドイツ在住の友人W.R.フォルスターから、1959年暮れにロータリーエンジンが発表されたこと、そしておそらくエンジン開発の有意性を説き、NSUおよびバンケル社との技術提携を勧めたであろう手紙が届いた。この手紙を読んだ松田社長は直感的に、マツダが生き残る道はこれだと決断した。そして、松田社長から技術陣に対しロータリーエンジンに関する資料が渡され意見を求められた。

山本健一は1946年2月マツダに入社以来、最初の3年を除きエンジン設計にかかわっており、エンジンがいかに苛酷な条件にさらされ、耐久性、信頼性の確保がいかに厄介であるかを熟知していた。ロータリーエンジンの機構は内燃機関の恐ろしさを知らぬモノと思ったという。社長への回答は当然「ノー」であった。

山本は社長が諦めるものと思っていたが、松田社長の意志は固く、技術提携を進めることになる。技術陣を無視したワンマンの意志決定であった。

■技術提携交渉の経過

1960年1月、マツダはフォルスターを通じてNSU社にライセンス供与の申し入れをするが、返事は「全世界から申し込みが殺到しており、7月頃までは極東各国とのライセンス交渉はできない」というものであった。

NSU社での契約交渉。左端が松田社長、正面はハイデカンプ社長。

1960年5月21日、駐日西ドイツ大使ウィルヘルム・ハース博士(Dr. Wilhelm Haas)がマツダを訪問した時、NSU社とのタイアップについて格別の口添えをお願いした結果、1960年7月、ハース大使より松田社長あて書簡にて「NSUはライセンス契約に入ることを考慮しており、社長自身の同社訪問を希望している」旨の連絡が入った。

松田社長は堀田庄三住友銀行頭取の斡旋で、吉田茂元首相のアデナウアー首相への紹介状、および高橋龍太郎日独協会会長(元アサヒビール会長)の紹介状を入手。さらに池田勇人首相の駐独武内龍次大使あての紹介状をもらうなど、万全の態勢を整えて、1960年9月30日、松田恒次社長一行6名が交渉のため日本を発ち、10月3日からNSU社を訪問、ロータリーエンジンの運転状況見学、テスト中のNSUスポーツプリンツ試乗の結果、予想を上まわる性能に、提携の必要性を再確認している。そして、10月11日、NSU社首脳部と交渉が行なわれ、10月12日には仮契約の調印が行なわれた。交渉の中で松田社長はいろいろな要求をしたが、NSU－バンケル側の姿勢は固く、十分な成果は得られなかったものの、ライセンス取得を第一義と考え、不本意ながら妥協した点が多かったという。

契約内容の概要を記すと、

①マツダ(当時は東洋工業)の製造しうるロータリーエンジンの範囲は200ps以下のガソリンエンジンで、非独占。

②両社は相互に技術開発の成果を交換する。(いわゆるクロスライセンス契約でNSU社が強く希望した。)

③ロータリーエンジン車の販売地域は、トラックは米国、カナダ、メキシコを除く全世界、乗用車は東南アジア地域15ヵ国とする。(1966年10月の更改により、欧州へのコスモスポーツの販売が可能となり、さらに1968年10月の更改により全世界への進出が可能となった。)

④契約期間は10年とする。

松田社長一行は1960年10月27日帰社し、ただちに技術陣による本格的な研究開発がはじまった。同時に仮契約書の細部にわたる再検討が行なわれたのち、1961年2月27日にNSU社およびバンケル社(Wankel GmbH)とのあいだに正式契約が締結され、翌月には、日本政府に対して認可申請が行なわれた。ロータリーエンジンは、まだ未完成で大きなリスクもともなっていたが、それが実用化された場合の国民経済にもたらす大きなメリットが考慮され、関係各省庁や外資審議会も積極的な態度を示し、1961年7月4日、正式に政府認可がおりた。

■初期の研究開発

政府認可がおりた1961年7月、新任の松田耕平副社長を団長とする7名の第1次技術研修団をNSU社に派遣した。目的は、特許開示されてから1年半以上経つのに、なぜロータリーエンジンは量産されないのかという疑問を解くため、開発状況、技術的な問題点の確認であった。このとき、一定時間運転後にローターハウジング内壁面にチャターマーク(波状摩耗)が発生し、エンジン性能が急落するという致命的な欠陥をはじめ、多くの問題点を把握し、技術情報、図面、単体エンジンなどの入手日程を取り決め、情報中継のための駐在員1名を残して帰国した。

帰国後ただちに設計部、材料研究部、生産技術部、自動車製造部、実験研究部からなるロータリーエンジン開発委員会が設置され、本格的な研究開発体制がスタートする。

1961年11月にはNSU社より入手した設計図面をもとに、400ccシングルローターエンジンの試作第1号機が完成した。試運転の結果は、もうもうたる白

400ccシングルローターの試作1号エンジン。

ローターハウジング内面に発生するチャターマーク。

煙と驚くほどのオイル消費、低速時の力不足、アイドリング時の激しい振動、そして200時間運転後には突然出力が低下した。予想どおりチャターマークが発生した。

同時にNSU社から送られてきたKKM400型の確認テストを進めながら、チャターマークの解決をめざし開発陣の苦闘がはじまったのである。

1962年にはいると、台上テストと並行してB1500バンに400ccシングルローターの試作エンジンを搭載して実車テストを開始、翌1963年初頭には走行距離3万kmに達した。

1963年7月、400cc×2ローターエンジンが完成すると、その1基を当時発売直前のファミリアバンに搭載して各種の実車テストが実施された。

1962年から1963年にかけて、各種の国産車や外国車にも積み、さまざまな角度から車体へのロータリーエンジンの適合性が検討されている。

1962年8月には、1年間の研究成果の報告およびNSU社の研究進捗状況を調査するため、当時設計部次長であった山本健一以下3名がNSU社に派遣された。この出張で認識したのは、マツダの研究レベルはまだ低いということであった。しかし、NSU社自身も多くの難問を抱えており、実用化に必要なノウハウの提供は期待できず、自分たちで問題解決しなければ先へは進めないということでもあった。

NSU社から最初に送られてきたKKM400型エンジン。

■ロータリーエンジン研究部の設立

マツダは研究体制の大幅な強化を決断し、1963年4月、ロータリーエンジン研究部を新設し、部長には山本健一が任命された。これは山本にとってまさに驚天動地の出来事であったとのちに記している。マツダの技術発展に貢献してきたという自負と誇りを持っていただけに、社長に「ノー」と回答した技術に専念しろと言われ、左遷されたと思い、ある技術重役に「山本君、社長の道楽だ。2年もたてば覚めるだろうからしばらくぬるま湯につかったつもりで我慢してくれ。」と言われ、いっそう落ち込んだという。山本は社長に「ロータリーエンジン研究部という看板は困る。何をしているか分からぬように研究開発部という看板にしてくれ。」と要求したが、社長は言下に拒否して「この看板が重要だ。」と言った。あとで、これは退路を断つための社長の策略だったと山本は記している。

この時点では、まだ松田社長の決意が社内に浸透していない様子がうかがえる。

山本部長は部の編成にとりかかり、新車開発で多忙の極みにあった社内各部を回って頭を下げ、主として若い技術者総計46名を集めた。もっとも重視したのは材料屋を取り込むことであった。なぜなら、未知のロータリーエンジンでは材料が重要な役割を果たすであろうと考え、材料屋が機械屋とともに協力しなければモノにならぬと予感したからであった。

ロータリーエンジン研究部結成パーティーでの山本部長の訓示は「我々はマツダの存亡をかけて新エンジンに取り組む。我々は忠臣蔵の赤穂浪士47名と同じ運命を持つ。これからは力を合わせ、寝ても覚めてもロータリーエンジン成功のための努力をして欲しい。」という主旨のものであったが、全員が努力することを誓ったという。「ロータリーエンジン四十七士」の誕生である。

1964年8月には近代技術の粋を集めたロータリーエンジン研究室が完成した。昼夜連続の耐久テストがコントロールルームにおいて集中管理され、テスト

当時超モダンであった実験設備。

ベンチにおける計測も自動的に記録され、研究員は記録管理などの雑務から解放され、研究に専念しうるという、当時としては超モダンで夢のような研究室であった。

シングルローターと並行して399cc×2ローターエンジンの設計も進められ、1963年7月には試作エンジン(L8A型)が完成している。1964年3月には3ローター、5月には4ローターエンジンの試作も完成した。1964年12月には排気量を拡大した491cc×2ローターエンジン(3820型)を完成。これを量産試作型L10A型へと発展させていった。

■ロータリーエンジン テスト用試作車による松田社長の国内行脚

1963年10月、晴海で開催された第10回全日本自動車ショーに、マツダは初めて400ccシングルローターと400cc×2ローターのロータリーエンジン2台を展示したが、松田社長が会場に未発表の試作車(のちのマツダコスモ)で乗りつけ、大きな反響をよんだ。そしてショー終了後、松田社長は山本部長を伴って、テスト用試作車による10日間の国内行脚を敢行する。

訪問先は、まず信濃町にあった広島出身の池田勇人総理の自宅。金融筋では日本興業銀行の中山素平頭取、住友銀行の堀田庄三頭取、野村証券の瀬川美能留社長、そして東海道、山陽道のマツダ販売各店であった。

訪問先で松田社長はロータリーエンジン開発の決意を述べ、開発責任者として山本を紹介した。販売店では社長から「自動車産業再編成でマツダの名が無くなるとの噂があるが信用しないで欲しい。マツダは他社のやらない革新技術をモノにして個性化による独立を確保する。」と話があり、山本が技術説明をした。その頃、未解決の問題は山積していたが、目を輝かせて真剣に見つめる多くの販売店従業員を前に

1963年、第10回全日本自動車ショーに初めて登場したロータリーエンジン。

1963年、のちのコスモスポーツによって東京・広島間を走破して本社帰着。手前のクルマは1961年型ポンティアック。

して山本は「必ずモノにしてみせます。」と言わざるをえなかった。最後に松田社長が「山本がモノにすると言っている以上、彼を信用してやってください。ところで、ロータリーエンジン開発には資金が要ります。どうぞ今のクルマを売ってください。」と締め、全員が拍手で「やります」と叫んだという。

この旅を終えたとき、山本は社長の決意の固さと、自分への信頼を知ったと記している。こうして山本の退路を断っていく社長の手腕には凄味さえ感じる。

■ロータリーエンジン研究部を悩ませた抵抗勢力

当時、わが国で内燃機関の第一人者と言われた東京大学名誉教授、富塚清が「モーターファン」誌に、「内燃機関は信頼性、耐久性から簡単であることが重要であり、ロータリーエンジンのように複雑機構がモノになるわけがない。特に、もっとも重要なアペックスシールの線接触は理論的に成り立つわけがなく、必ず摺動面に異常摩耗が生ずる」と批判記事を展開し始めた。

実際にチャターマークに悩んでいた研究部内の動揺は大変なものであり、いかにして若いスタッフに自信を持たせ、将来への情熱を掻き立てるかに苦慮したという。

しかし、1970年、ロータリーエンジン実用化に対し「日本機械学会賞」を受けたことで、溜飲が下がる思いをしたと記している。

もうひとつの抵抗勢力はマツダ社内から発生した。ロータリーエンジン研究部設立から1年ほど経過したころ、研究部批判が出はじめた。それは、先行しているNSU社やカーチスライト社がやることをまねてチェックすればよいのに、なまじ自分たちのアイデアを試してみようなどと繰り返しているから無駄金を使っている。というものであった。

1960年代前半のころ、まだわが国の自動車技術は欧

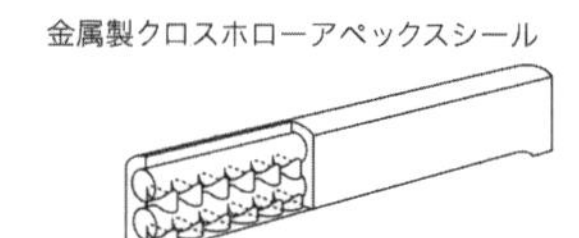

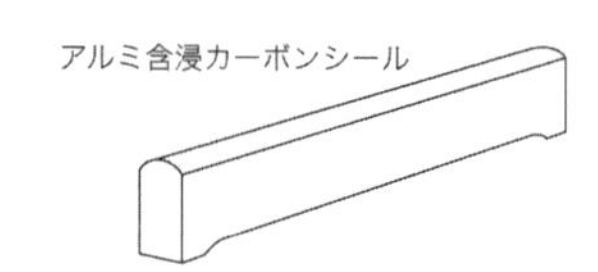

クロスホローアペックスシールと量産型コスモスポーツに採用されたアルミ含浸カーボンシール。

三次自動車試験場全景。

米に劣り、技術者が欧米の技術に対しコンプレックスを持っていたのは無理からぬことであった。問題は部内の管理職が動揺しはじめたことであった。

自信を持って自主的開発を進めるよう管理職の意識改革に役立ったのが、チャターマーク解決につながったクロスホローアペックスシールの完成であった。チャターマーク発生の原因はアペックスシールの固有振動数に基づく摩擦振動（スティックスリップ）ではないかと考え、シールの縦横に小孔をあけて固有振動数を変えたものである。

課長4名を伴ってNSU社を訪ね、クロスホローアペックスシールの試作とテストを勧め、結果は予想どおり成功であった。この一件でNSU技術陣はマツダに一目置くようになり、マツダのロータリーエンジン研究部も自らの考えに徹底するようになった。

■三次自動車試験場の完成

1963年10月着工された三次自動車試験場は、1年7ヵ月と22億円をかけ1965年5月29日に完成した。当時東洋一と言われた試験場は、約150万㎡の敷地に一周約4.5km、ニュートラルスピード（ハンドル操作なしで走行が可能な速度）200km/hのバンクを持つ三角むすび状周回路をはじめ、さまざまな試験路を備え、高速時における耐久性や操縦安定性をはじめ、自動車の走行に要求されるあらゆる条件がテストされ、自動車の性能や耐久性が飛躍的に伸びていった。それまで10万kmの連続走行テストに6ヵ月以上要したのが、試験場の完成により3～4ヵ月に短縮され、ロータリーエンジン車の開発に果たした役割も大きい。

■第3回ロータリーエンジン円卓技術会議開催

NSU社およびNSU社からライセンスを受けてロータリーエンジンの開発を進めている世界各国の企業の代表技術者による技術討論会が行なわれ、第1回は1965年春、西ドイツのネッカーズルムにあるNSU本社で、第2回は1966年5月に米国のカーチスライト社で実施された。そして、第3回NSU－バンケル・ロータリーピストンエンジン円卓会議（NSU-Wankel Rotary Piston Engine 3rd. Round Table Technical Conference）は、松田社長の要望で1968年9月30日から4日間にわたり、ライセンシーではあるが既にコスモスポーツ、ファミリアロータリークーペ を量産していたマツダ（当時は東洋工業）本社講堂で開催された。参加メンバーはNSU、バンケル研究所、カーチスライト、アルファロメオ、OMC（Outboard Marine Corp.、米）、シトロエン、ダイムラー・ベンツ、フィヒテル & ザックス、ヤンマーディーゼル、ロールスロイス、マツダの11社36名で、「ロータリーエンジンの開発と生産方式」をテーマに、各社の開発状況や製品化、量産化などについて報告が行なわれた。

三次自動車試験場の高速バンクに入るコスモスポーツ。

1968年、マツダ本社で開催された第3回RE円卓技術会議。

■ロータリーエンジン組立工場の建設

ロータリーエンジン車の市場性ありと判断したマツダは、さらに普及させるため量産化を図り、総額約56億円の設備投資を実行する。組立を含む機械工場、溶射工場、ダイカスト工場、鋳造工場、鍛造工場、熱処理工場、メッキ工場、実験研究部門など多部門にわたる工場設備の新設、整備、増設が展開され、1970年3月には月産能力5000台、1970年12月には1万台体制が確立された。この体制強化に合わせ、品質の向上とコスト低減を目指して各種の新しい技術が積極的に導入されていった。また、量産設備計画は通産省の推薦により、日本開発銀行の新技術企業化資金融資の対象となった。これは1968年に新設された国産技術振興資金融資制度にもとづくもので、マツダは自動車業界での融資第1号となった。融資総額は15億円で、ロータリーエンジンの重要性と将来性が国によって認められたことを示すものであった。

■ロータリーエンジン開発に伴う受賞

1967年5月に生産を開始してから3年半後の1970年12月、ロータリーエンジンの生産累計は10万台を記録した。その間、実用化についての功績が認められ、つぎのような受賞をしている。1968年1月、日刊工業新聞社から増田賞。1968年2月、モータートレンド誌(米国)からモータートレンド賞。1968年11月、中国新聞社から中国文化賞。1969年4月、科学技術庁から科学技術庁長官賞。1969年10月、機械振興協会から機械振興協会賞。1970年4月には日本機械学会から日本機械学会賞を受賞した。

■低公害ロータリーエンジンの開発

1960年代後半に入ると米国ロサンゼルスのスモッグ発生がクローズアップされ、自動車の排出ガスによる公害が注目されるようになり、排出ガス規制が強化された。

ロータリーエンジンはレシプロエンジンに比べ、NOx(窒素酸化物)の発生は少ないが、HC(炭化水素)が多く、対策として排気ガス中の燃え残り成分であるHCに空気を加え再燃焼させるサーマルリアクター(熱反応器)方式を開発、この問題を解決した。そして、最初の米国向けロータリーエンジン車、R100(ファミリアロータリークーペ)に装着された。

このシステムをREAPS(リープス:Rotary Engine Anti Pollution System)と称し、1972年11月にはREAPSを採用した国内初の低公害車、ルーチェ APが発売された。

特に厳しかったのが1970年12月に発効した、米国のマスキー法で、1975年型からCO、HCを従来車の1/10に、1976年型からNOxも1/10にするという厳しいものであった。公聴会において多くの自動車メーカーが達成は不可能と実施の延期を求めたが、マツダはロータリーエンジンでクリアできると宣言し、1972年12月に米国EPA(環境保護局)のテストを受け1975年規制マスキー法合格第1号となったホンダのCVCC(複合渦流調整燃焼方式)エンジンに続き、1973年2月EPAのテストに合格。ロータリーエンジンの排気対策に対する優位性を実証した。

1969年、船積を待つ輸出用R100(ファミリアロータリー)。

サーマルリアクターを装着したR100用エンジン。

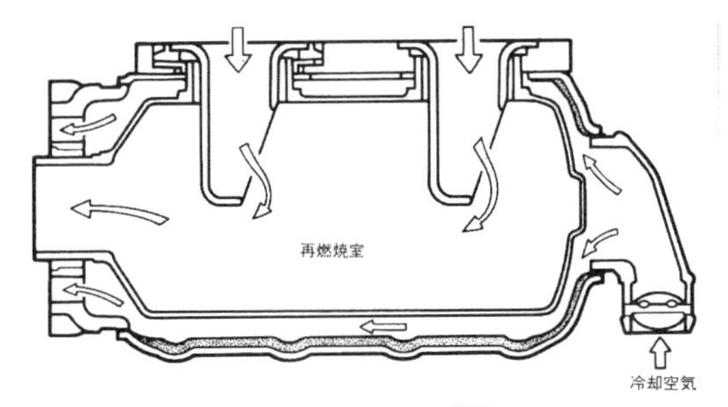

サーマルリアクターの構造。

■燃費改善のための「フェニックス計画」

1973年10月、世界中を襲った第1次石油ショックに伴う石油価格の高騰は、燃費性能に弱みを持つロータリーエンジンを窮地に追い込む。1973年に約24万台に伸びていた生産台数は、1974年には約12万台と半減してしまった。このような危機に直面してもマツダはへこたれず、1年後には燃費を20％向上し、最終的には40％の燃費向上を目標に「フェニックス（不死鳥）計画」を立ち上げた。まず、エンジンの基礎的な改良、サーマルリアクターの反応性改善、気化器のリーンセッティングなどにより、1974年11月には平均20％ほどの燃費向上を達成した。さらに、排気系に熱交換器を加えて反応効率を高めるシステムによって、1975年10月には文字どおり不死鳥の如く約40％の燃費向上の目標達成を果たしている。

その後、より希薄な燃焼方式を可能とする、世界初のロータリーエンジン用触媒方式の開発に成功し、EGRの追加など多くの改良を加え、燃費性能はさらに約20％向上した。50年規制適合エンジンと比べると実に約68％もの大幅な向上を達成している。1979年秋、このシステムを採用した12A型エンジンはサバンナRX-7に、13B型はコスモとルーチェに搭載された。

■マツダがロータリーエンジン開発に成功したわけ

ロータリーエンジン研究部設立後、松田社長は協力要請のため、主なエンジン部品メーカーの経営幹部を宮島にあるマツダの迎賓館に招いた。席上、社長は立法化が進められつつある特定産業振興法に対抗して独立性を保持するため、精力的にロータリーエンジンの開発を進めるが、マツダ1社では不可能であり、部品メーカー皆さんの協力をお願いしたいと切々と訴え、すべての部品メーカー幹部から協力の約束を取りつけた。その後、部品メーカーの協力は損得を超えた献身的なものであった。

マツダのロータリーエンジン開発成功の鍵の一つは部品メーカーの協力であり、契約型社会の欧米には見られない日本独特の商慣習の勝利と言えよう。

日本独特と言えば、管理職と一般技術者が大部屋で机を並べ、かんかんがくがくといつでも議論できる日本的企業風土も重要な鍵となっている。

そして、最も重要なのは松田恒次社長というチャンピオン（championは一般的に優勝者と理解されているが、擁護者という意味があり、山本健一はあえてこのように表現している）の存在であった。革新技術を進めるときには経理、財務部門が投資やコストをとりあげて否定的な態度をとりやすい。その時重要なのが権力を持ち、かつ新技術に理解を持ったチャンピオンの存在である。

松田恒次は1970年に他界するが、後継チャンピオンによって見事に引き継がれてきた。

ロータリーエンジンの「生みの親」がフェリックス・バンケルなら、マツダは「育ての親」となったのである。

第3章
マツダのロータリーエンジン車

コスモスポーツ（1967/5〜）

マツダのロータリーエンジン車の存在が最初に公表されたのは、1963年10月、晴海で開催された第10回全日本自動車ショーであった。シングルローターと2ローターの2台のロータリーエンジン単体とともに、大きなロータリーエンジン車（のちにコスモと命名される）の写真パネルが展示された。会場に展示はされなかったが、松田恒次社長が試作車で会場に乗りつけ、居合わせた人々を驚かせたのは前述のとおりである。

1964年10月、晴海で開催された第11回東京モーターショーに初めてコスモの名前でプロトタイプが展示された。

1966年初めからコスモの生産試作車数十台（マツダの公式発表は60台だが、20台との資料もある）を全国主要販売店に配って市場テストを依頼し、1966年末に全車回収して確認の結果、実用性ありと判断、生産開始を決定した。延べ走行距離は60万kmに達したという。なお、開発開始から発売するまでの6年間の、コスモスポーツの延べ走行試験距離は約300万kmと言われている。

そして、1967年5月30日、マツダのイメージリーダーカーとして、世界初の２ローター式ロータリーエンジンを搭載したコスモスポーツ（L10A型）が世界中の注目を集めて発売された。当初東京地区に限定されていた販売地域は、1967年9月には全国展開されている。

エンジンは10A型（当初L10Aと称していたが、コスモスポーツの車両型式がL10Aとなったため、エンジンは10Aに改称された）491cc×2ローター

最初のロータリーエンジン車(のちのコスモスポーツ)のモックアップ。

1963年、第10回全日本自動車ショーで初めて公表された、ロータリーエンジン車(のちのコスモスポーツ)の写真ボード。

110ps/7000rpm、13.3kg-m/3500rpm。吸気方式は、低回転から高回転まで安定した燃焼を得るため、2ステージ4バレルキャブレターによるサイドポート方式を採用。4速MTを積み、0－400m加速16.3秒、最高速度185km/hを誇った。

「悪魔の爪痕」と恐ろしい名前を付けるほど対策に苦労したチャターマークは、パイログラファイトという新しい高強度カーボン材にアルミを特殊な方法で浸み込ませたアペックスシールの採用で解決した。このシールは日本カーボン社と共同開発したもので、1000時間の連続運転をクリアし、10万km走行後の摩耗がわずか0.8mmに過ぎなかった。

コスモスポーツは発売と同時に海外でも大きな反響をよび、問い合わせや引き合いが殺到した。マツダはサンプル輸出を行ないういっぽう、将来の本格的な進出のための販売、サービス体制の整備と宣伝活動に注力した。1967年10月のロンドンモーターショーに出展し、10月から11月にかけてヨーロッパ・デモンストレーションドライブも実施された。10月4日にベルギーのブラッセルを出発したコスモスポーツは、11ヵ国を歴訪し、11月3日にイタリアのローマまで約8000kmをノントラブルで走破した。その間、広島市長から託されたメッセージを途中各市の市長に届けるなど、国際親善にも寄与している。

1964年、第11回東京モーターショーに登場したマツダコスモ(のちのコスモスポーツ)。

1967年5月、コスモスポーツの発表会場、1963年に開業した東京・紀尾井町のホテルニューオータニ。

1968年7月にはマイナーチェンジを受け、ニューコスモスポーツ(L10B型)となった。エンジンは同じ10A型だが128ps/7000rpm、14.2kg-m/5000rpmにパワーアップ。トランスミッションも5速MTに変更され、0－400m加速15.8秒、最高速度は200km/hに達した。ホイールベースも150mm延長されて2350mmとなり、居住性、高速安定性などの向上が図られている。

1972年10月までの5年半の間に合計1176台生産された。

コスモスポーツは1968年8月、世界有数の苛酷な耐久レース、マラソン・デ・ラ・ルート「ニュルブルクリンク84時間連続耐久レース」に挑戦、欧州の強豪を相手に堂々総合4位入賞を果たし、高速耐久性を実証

ヨーロッパ・デモンストレーションドライブの途中、熱い視線を浴びるコスモスポーツ。

1968年8月、ニュルブルクリンク84時間連続耐久レースで総合4位入賞したコスモスポーツ。吸・排気ともペリフェラルポート方式を持つ10A型レーシングエンジンを積む。

している。

ファミリアロータリーシリーズ(1968/7〜)

レシプロエンジンを積んだ2代目ファミリアが1967年11月に発売されてから8ヵ月後の1968年7月13日、ファミリアロータリークーペが発売された。プロトタイプは前年の第14回東京モーターショーに「RX-85」の名前ですでに発表されていた。ロータリーエンジン車第1弾のコスモスポーツは少量生産の高性能スポーツカーであったが、この第2弾は革新的な新エンジンを広く普及せんとするマツダの言う「ロータリゼーション」の第一歩であった。したがって、当初より月産1000台を目標とし、同時に発売されたファミリア1200クーペとボディ、内装その他多くの部品の共用化を図って量産効果を上げ、価格を70万円と低く設定していた。

エンジンはコスモスポーツと同じ10A型491cc×2ローターだが、普及車の要件である低速性能と経済性に力点が置かれ、100ps/7000rpm、13.5kg-m/3500rpmと控えめな設定だが、0−400m加速16.4秒、最高速度180km/hで、この種のスポーティカーのなかでは抜群の性能を誇った。

その後、1969年7月12日にはセダンタイプのファミリアロータリーSS(63.8万円)とロータリークーペの普及版Eタイプ(66万円)が発売され、1969年11月15日にセダンタイプの豪華仕様、ファミリアロータリーTSS(66.8万円)が追加設定されている。

1968年7月に発売されたファミリアロータリークーペ。

ロータリーエンジンの生産も軌道に乗り、生産工程の改善、品質管理体制の合理化、新技術の導入などにより量産体制が整うと、生産コストが下がり、1970年3月2日、ファミリアロータリーシリーズの値下げを実施、ロータリークーペEタイプは大衆車並の59.8万円となり、普及は一段と促進されていった。

1970年4月8日、ファミリアロータリーシリーズ全車種の内・外装を一新したファミリアプレストロータリーシリーズが発売され、モデル構成はセダンがTSSおよびSS、クーペはスーパーDX(デラックス)およびDXとなった。1970年12月5日にはスポーツ性をより強調した同シリーズ最高グレードのファミリアプレストロータリークーペGS(66.8万円)とDXのモデル構成となっている。

マツダはファミリアロータリークーペの発売に先立ち、自動車販売部にロータリゼーションセンターを設置して普及活動の強化を図っている。また、ファミリアロータリーSS発売を機に、1969年7月12日から27日にかけてロータリーエンジンへの認識を深め、同時に販売促進を図るため、全国各地でマツダロータリーフェアを開催した。フェアの来場者は41万3000名と盛会で、試乗者は5万7600名、期間中の受注台数は3000台に達した。さらに、1969年7月26日から8月末までの毎週土、日曜日には、東名、中央、名神などの高速道路で高速試乗会も実施してロータリーエンジン車への理解と普及に努めた。

ファミリアロータリークーペは各種の国際レースに意欲的に参加し、1969年4月のシンガポールGPレースで総合1位と4位を獲得したのをはじめ、多くの輝かしい戦績を残し、高性能を世界に強く印象づけることに成功した。

ロータリーエンジンの普及に一役買ったファミリアロータリーシリーズは1973年3月までの4年8ヵ月の間に9万5891台生産されたが、カペラ、サバンナ、ルーチェのロータリーエンジン車が発売され大ヒットすると、ファミリアロータリーの販売は激減してしまう。ファミリアのような大衆車では、燃費の悪さが敬遠されたのであろう。3代目ファミリアのカタログにロータリーエンジン車が載ることはなかった。

ルーチェロータリークーペ(1969/10〜)

1967年の第14回東京モーターショーで発表された

1969年7月に開催されたマツダロータリーフェアの会場風景。クルマはファミリアロータリークーペ。

プロトタイプ、マツダRX-87は、1968年の第15回東京モーターショーではルーチェロータリークーペとして、ほぼ生産車に近い形で参考出品された。そして、1969年10月3日、ルーチェロータリークーペは発売された。このクルマはロータリーエンジン車シリーズの最高峰に位置するもので、マツダの技術水準を示すシンボルカー的存在であった。エンジンは新開発の13A型655cc×2ローター、126ps/6000rpm、17.5kg-m/3500rpm。トランスミッションは4速MTで、0－400m加速16.9秒（デラックス）、最高速度190km/hの俊足を誇った。駆動方式はマツダ初のFFが採用された。FFのためエンジンの全長を短く抑えるため、ローター幅は10A型と同じ60mmのまま、形状（創成半径）を大きくして排気量を拡大している。価格はデラックス145万円、スーパーデラックス175万円と高価であり、生産台数は976台。短命で1970年6月に生産を終了している。

カペラロータリーシリーズ（1970/5～）

●第1世代カペラロータリー（1970/5～）

1970年に迎える創立50周年をめざし、一般需要層を対象とした理想のロータリーエンジン車の開発を目標に、1968年11月、設計部と実験部を中心にDEMCO（Design and Experiment Memorial Committee：設計実験記念委員会）を設置、技術陣の総力を結集して開発されたのがカペラロータリー（S122A型）である。発売は1970年5月13日、エンジンは10A型のローター幅を10mm拡大した、12A型573cc×2ローター、120ps/6500rpm、16.0kg-m/3500rpm。トランスミッションは４速MTで、0－400m加速15.7秒、最高速度190km/hとハイウエイ時代の最先端をいく高性能を実現した。このころ自動車排出ガス中に含まれる鉛の公害が問題化し、オクタン価の低い無鉛ガソリンで高性能を発揮するロータリーエンジンは注目された。

1969年10月に発売されたが短命に終わったルーチェロータリークーペ。

1970年7月13日から8月7日にかけて、2台のカペラロータリークーペによって、ロサンゼルス～ニューヨーク間の大陸横断のあと、アメリカ大陸を縦横に走り、デモンストレーションを兼ねた性能、フィーリングテストなどが行なわれた。このときの延べ走行距離は3万kmに達した。このあと8月12日から14日にかけて、インターステイト・ルート70のカンザスシティ～デンバー間において、日本国内で一般募集したドライバーによるカペラロータリークーペ試乗会が行なわれた。このころはまだ1ドルが360円の固定相場制で、ドルの持ち出し制限もあった時代であり、大胆な企画であった。

1971年10月、マイナーチェンジと同時にGシリーズが加わり、全車4灯式ヘッドランプが採用された。また、ロータリーエンジン車では世界初のジヤトコ製フルAT「REマチック」が登場した。

1972年3月、カペラロータリークーペに12A型エンジンの出力を120psから125psにパワーアップしたGS-Ⅱモデルが追加設定された。最高速度は変わらず190km/hだが、0－400m加速15.6秒で0.1秒短縮された。

初代カペラは「モーターファン」誌主催の「1971年カーオブザイヤー」および米国「ロードテスト」誌の「1972年インポートカーオブザイヤー」を受賞している。

●第2世代カペラロータリー（1974/2～）

1974年2月27日、2代目となったカペラロータリーAP（CB12S型）が発売された。サーマルリアクター（排

1970年、北米大陸横断中のカペラロータリークーペ。

1970年、米国「Road Test」誌によるロータリーエンジン車テスト。クルマはR100(ファミリア)とカペラ。

1970年12月、ロータリーエンジン車生産累計10万台達成式典の様子。クルマはカペラ。

1971年11月、ロータリーエンジン車生産累計20万台達成式典の様子。クルマはカペラと後方はサバンナ。

気ガス再燃焼装置)をベースとした公害対策システム「MAZDA REAPS-3(Mazda Rotary Engine Anti Pollution System)」を採用して、優遇税制の適用が受けられる、昭和50年排出ガス規制合格車となった。

エンジンは12A型573cc×2ローター、120ps/6500rpm、16.0kg-m/4000rpm、およびクーペGSⅡと新たに設定されたセダンGRⅡに搭載された12A型125ps/7000rpm、16.2kg-m/4000rpmの2種類。なお公害対策により初代と比べて最高速度で5km/h(GSⅡは変わらず)、0−400m加速で0.2秒遅くなった。

1974年11月には公害対策を改良されたREAPS-4に換装し、燃費を約20%改善している。

そして、1975年10月には排気系に熱交換器を取り付けて、サーマルリアクターで発生した熱を排気ポートに加熱2次エアとして流して反応効率を高め、そのほかの改良を加えたREAPS-5に換装し、昭和51年排出ガス規制に適合すると同時に、燃費が50年規制適合車にくらべ約40%向上した。エンジンは12A型125ps/6500rpm、16.5kg-m/4000rpmの1機種に統一された。

1978年10月、3代目カペラが発売されたが、カタログにロータリーエンジン車は載らなかった。カペラロータリーシリーズの生産台数は初代と2代目合わせて22万5688台であった。

サバンナ(1971/9〜)

1971年9月6日、「ロータリースペシャリティ」と名乗って、スポーツセダンとクーペのサバンナ(S102A型)が発売された。大草原を走る猛獣の野生美と溢れるパワーのイメージに加え、世界初の蒸気船、原子力船がともに「SAVANNA」であったことから命名された。販売を開始した月には5406台を受注。しかも下取り車の半数以上が他メーカーの車両であったと言うから、いかに市場の注目を浴びていたかが分かる。なお、レシプロエンジン搭載車は前後のデザインが異なるボディを与えられ、グランドファミリアの名前で別シリーズとして登場している。

エンジンは10A型491cc×2ローター、105ps/7000rpm、13.7kg-m/3500rpm。トランスミッションは4速MTのみの設定で、0−400m加速16.4秒、最高速度180km/hであった。

1972年1月、ロータリーエンジンを搭載した世界最初の乗用ワゴン、サバンナスポーツワゴン(S102W型)が発売された。エンジンはセダン/クーペと同じ10A型105psを積む。同時にセダン/クーペにはジヤトコ製「REマチック」3速ATが設定された。

発売から1年後の1972年9月、12A型573cc×2ローター、120ps/6500rpm、16.0kg-m/3500rpmエンジンに

1971年9月に発売されたサバンナ。

サバンナの生産ライン。

5速MTを積み、0－400m加速15.6秒、最高速度190km/hのサバンナGT（S124A型）が登場する。この頃はまだ石油ショック前であり、GM社もRE計画中止を表明しておらず、サバンナGTのカタログには「GMはロータリーに180億円を投資。いま、ロータリーへの転換が世界的な規模で、爆発的に行なわれようとしています。申しあげるまでもなく、マツダ・ロータリー 30万台こそ、その起爆剤なのです。」とある。

1973年6月、マイナーチェンジで前後のデザインがわずかに変化する。そして、昭和50年排出ガス低減目標に適合した、サーマルリアクターを使った公害対策システムREAPS-2を搭載したサバンナAPシリーズが登場する。カタログには「1973年、6月。時代を超えたロータリースペシャルティ・サバンナが新しいクルマ時代の夜明けを告げます。ひときわ新型のサバンナに、「APシリーズ（REマチック）」同時登場。」とあるが、簡易カタログには記載がないので、APシリーズは若干遅れたのではないかと推察する。AP仕様はクーペGSⅡ（S124A型）、4ドアGR（S124A型）およびワゴンGR（S124W型）の3モデルが用意され、エンジンは12A型573cc×2ローター、120ps/6500rpm、16.0kg-m/4000rpm、トランスミッションはREマチック3速ATが積まれた。

1973年11月には公害対策システムをREAPS-3に進化させ、昭和50年排出ガス規制適合車サバンナAPが発売された。エンジンはサバンナGT（S124AB型）には5psパワーアップされた12A型、125ps/7000rpm、16.2kg-m/4000rpmと5速MT。クーペ/4ドア（S124AB型）およびワゴン（S124W型）には12A型120psエンジンと4速MTが設定された。なお、この時点でATの設定は一時落とされている。さらに10A型エンジン搭載のサバンナは1973年9月に生産終了している。

1974年11月には公害対策システムをさらに進化させてREAPS-4とし、実用燃費で平均20％（60km/h定地燃費では最高27.2％）の燃費向上を果たした。この時点でクーペ、4ドア、ワゴンにATの設定を復活させている。さらにクーペGSⅡおよび4ドアGRに5速MT仕様が設定された。

1975年10月、公害対策システムをREAPS-5に進化させ、昭和51年排出ガス規制適合車サバンナAPが発売された。同時に燃費を1974年初期のモデルと比べて40％改善するという「フェニックス計画」の目標も達成している。エンジンはGT/クーペ/4ドア（B-S124AB型）、ワゴン（C-S124W型）すべて共通の12A型、125ps/6500rpm、16.5kg-m/4000rpmとなった。

1973年の年間生産台数はマツダの歴代ロータリーエンジン車のなかで、単一モデルで唯一10万台を超え10万5819台を記録したが、1973年に起きた石油ショックで、燃費の悪さがあだとなり1974年には2万9678台に激減してしまった。

サバンナはRX-3の輸出名で、1971年12月の富士ツーリストトロフィー500マイルレースに参戦し、無敗神話を持っていたスカイラインGT-Rと激闘の末、50連勝を阻止。その後1976年には単一車種で国内レース通算100勝を挙げるほどの圧倒的な強さを見せ、若者から絶大な支持を得た。この後、サバンナは1978年3月発売のサバンナRX-7へと進化する。

ルーチェ（ロータリー）シリーズ（1972/11～）

●第2世代ルーチェ /ルーチェ AP（1972/11～）

1972年11月、2代目ルーチェ（LA22S型）がロータリーエンジンを積んで発売された（発表は10月18日）。レシプロエンジン搭載モデルの登場は5ヵ月後の1973年4月であった。マツダ車最初のサーマルリアクター（排気ガス再燃焼装置）をベースとした公害対策システム「MAZDA REAPS-1（Mazda Rotary Engine Anti Pollution System）」を採用したルーチェAP（LA22SB型）も設定された。エンジンは全モデル12A型573cc×2ローターが搭載されたが、出力はハードトップGSⅡおよび4ドアセダンのカスタムGRⅡは130ps/7000rpm、16.5kg-m/4000rpm、AP仕様では125ps、16.2kg-m。その他のモデルは120ps/6500rpm、16.0kg-m/3500rpm、AP仕様は115ps、15.7kg-m。AP仕様にはREマチック3速ATが組み合わされる。ハードトップGSⅡ（5速MT付）の0－400m加速15.8秒、最高速度190km/h。GSⅡのAP仕様（3速AT付）は0－400m加速17.7秒、最高速度180km/hであった。

1973年6月、公害対策システムをREAPS-2に進化させ、昭和50年排出ガス低減目標に適合し、低公害車優遇税制の適用第1号となった。同時に115psエンジンは120psにパワーアップされた。

1973年12月には公害対策システムをREAPS-3に進化させ、昭和50年排出ガス規制に適合したルーチェAP（LA22SB型）となる。エンジンは12A型125ps、16.2kg-mに統合された。トランスミッションはATの設定が無くなり、ハードトップGSⅡとカスタムGRⅡに5速MT、その他のモデルには4速MTが与えられた。この時点でAP仕様以外のルーチェはカタログから落とされている。同時にルーチェ APグランツーリスモ（LA33S型）とワゴン（LA33W型）が追加設定された。エンジンは新型の13B型654cc×2ローター、135ps/6500rpm、18.3kg-m/4000rpm。トランスミッションは5速MTだが、エンジンとクラッチの間に「トルクグライド」と称する流体カップリングを取り付けたユニークなものであった。

1974年11月には公害対策システムをさらに進化させてREAPS-4とし、実用燃費で平均20%（60km/h定地燃費では最高23.8%）の燃費向上を果たした。13B型135psモデルは1975年6月、公害対策システムはロードペーサーと同じREAPS-4Eに変更されている。

1975年10月、マイナーチェンジと同時に公害対策システムをREAPS-5に進化させ、昭和51年排出ガス規制に適合する。同時に1974年初期モデルにくらべ燃費を約40%向上させている。廉価版のセダンGRが廃止されたほかモデル構成は変わらないが、13B型エンジンは135ps/6000rpm、19.0kg-m/4000rpmに、12A型は125ps/6500rpm、16.5kg-m/4000rpmにわずかながら強化された。そして、ハードトップGSを除き全車で3速ATが選択可能となった。

●第3世代ルーチェレガート（1977/10～1978/6）、ルーチェ（1978/7～）

ルーチェシリーズの最上位車種として1977年10月4日にルーチェレガート（C-LA43S型/C-LA42S型）が発売された。ルーチェ3代目のモデルで縦置き角型4灯式ヘッドランプの4ドア・ピラードハードトップおよび4ドアセダンがあり、エンジンは2代目ルーチェと同じ仕様の13B型および12A型が搭載された。公害対策システムはREAPS-5Eに進化している。トランスミッションは5速MT（13B型と12A型ではギア比が異なり、流体カップリングは廃止された）および3速ATを積む。

1978年7月、レガートの名称がはずされ、ルーチェの名称に戻る。運輸省への型式認定申請をルーチェで行なっていたためと言われる。この時点でロータリーエンジン車のボディ形式はピラードハードトップのみとなり、エンジンも12A型は落とされ、13B型のみとなり、出力は140ps/6500rpm、19.0kg-m/4000rpmに向上、REAPS-7の採用で昭和53年排出ガス規制に適合した。なお2代目ルーチェの併売はこの時点で終了する。

1979年10月、マイナーチェンジで個性的だったフロント部分は、変形角型ヘッドランプのごく平凡なものとなった。13B型希薄燃焼型ロータリーエンジンの開発により、前月のコスモに続いてサーマルリアクター方式から触媒方式に変更、実用燃費が1974年初期モデル（REAPS-3）に対し約70%向上した。

●第4世代ルーチェ（1981年11月～）

4代目ルーチェはコスモとの兄弟車として、まずレシプロエンジン車が1981年10月発売され、ロータリーエンジン車（E-HBSN2型）は翌月の1981年11月発売（発表は10月16日）された。4ドアハードトップとサルーン（4ドアセダン）があり、エンジンは1ローターに2つあった吸気ポートの形状、位置を最適にし、さらに排圧により開閉が自動的にコントロールされるセカンダリー補助ポートを追加、2ローターで計6つのポートにより、回転域に応じた最適の吸気供給を可能にした「6PI：6 Port Induction（シックスポートインダクション）」を採用した12A型573cc×2ローター、

1973年に低公害車優遇税制の適用第1号となったルーチェ AP。

1977年10月に発売された3代目ルーチェレガート。レガートの名称は10ヵ月足らずで廃止された。

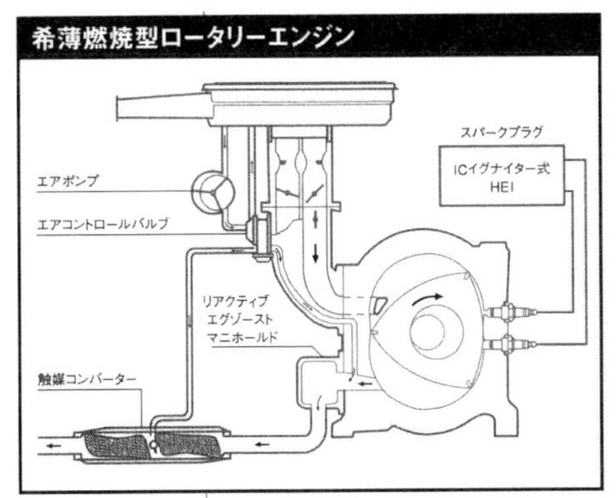

採用が難しいと言われた触媒コンバーターを使った希薄燃焼型ロータリーエンジン。

130ps/7000rpm、16.5kg-m/4000rpm、これに5速MTあるいは3速ATが搭載される。10モード燃費10.0km/ℓに改善された。

1982年9月、ロータリー初の電子制御式燃料噴射装置(EGI)を採用した12A型ロータリーターボ、160ps/6500rpm、23.0kg-m/4000rpm+5速MTを搭載したモデルが追加設定された。同時にノンターボモデルにはロックアップ機能付4速ATが追加設定された。

1983年9月にはターボエンジンは12A型インパクトターボ、165ps/6500rpm、23.0kg-m/4000rpmに強化され、さらに、ダイナミック過給システムを採用した自然吸気13B型654cc×2ローター、スーパーインジェ

1981年11月にコスモとの兄弟車として発売された4代目ルーチェ。

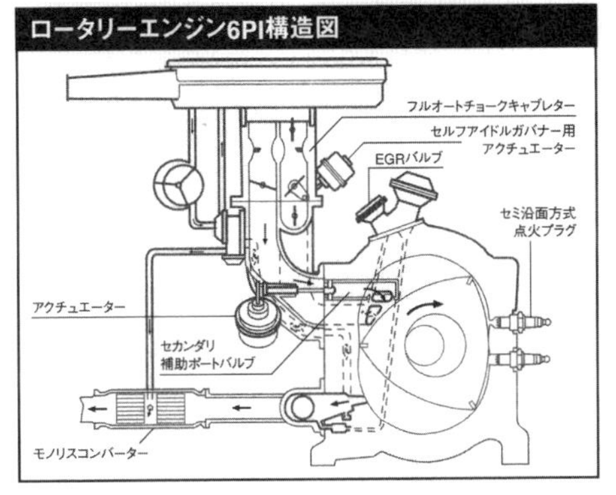

1981年11月、ルーチェ/コスモに最初に採用された6PIエンジン。

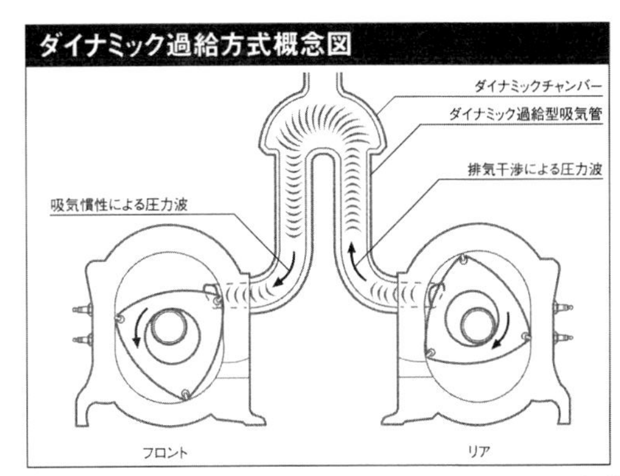

ローター間のポートタイミングのずれを利用して吸気管内に圧力波をつくり出し充填効率を上げるという、ターボや機械式スーパーチャージャーに頼らないREならではのダイナミック過給方式。

クション、160ps/6000rpm、20.5kg-m/3000rpmエンジンが戦列に加わった。また、ATはロックアップ機能付4速ATのみとなった。

●第5世代ルーチェ(1986年9月〜)

1986年9月16日、5代目ルーチェが発売された。兄弟車のコスモはモデルチェンジされず、ハードトップのみ1990年まで継続生産された。1978年にサバンナRX-7が発売されて以来、ロータリーエンジン車の主力はRX-7に移り、1985年のルーチェロータリーの年間生産台数は506台に落ち込んでいた。1986年には新型車効果もあり2533台に復活しているが、もはやルーチェの主役は新開発された2ℓV6エンジンであった。カタログにも「うれしいことに私達には、ロータリーエンジンに、熱い視線を注ぎつづけるファンの方々がいらっしゃいます。その期待にお応えするためにも、13Bロータリーターボを用意しました。」とあるように、ロータリーエンジンはもはや4ドアハードトップ(E-HC3S型)に残されるだけとなった。エンジンはRX-7で実績のあるインタークーラー付ツインスクロールターボ13B型654cc×2ローター、180ps/6500rpm、25.0kg-m/3500rpm(ネット)。トランスミッションは新開発のロックアップ付電子制御4速ATが採用された。10モード燃費6.9km/ℓは2ℓV6ターボの8.2km/ℓと比べても見劣りする。

1990年6月、ロータリーエンジン車の生産を終了し

1986年9月発売された5代目ルーチェ。

ているが、同月発行のカタログにはまだ載っていた。

コスモロータリーシリーズ(1975/10〜)

●第2世代コスモAP(1975/10〜)、コスモL(1977/7〜)

「GTを超えたラグジュアリースポーツ。新しいコスモの誕生です。」のコピーとともに、1975年10月に発売された2代目コスモAP。3年前に生産を終了した、マツダ初の市販ロータリーエンジン車、コスモスポーツの名前を受け継いだ。アメリカ市場を意識した斬新なスタイルで、センターウインドウを持つ2ドア・ピラードハードトップ。最上位のリミテッド(C-CD23C型)には13B型、135ps/6000rpm、19.0kg-m/4000rpmエンジンに流体カップリング付5速MTあるいは3速ATを積み、カスタムシリーズ(C-CD22C型)には12A型、125ps/6500rpm、16.5kg-m/4000rpmエンジンに5速/4速MTと3速ATが用意されていた。発売が第1次石油ショックの直後であり、全モデルが公害対策システムREAPS-5を採用、昭和51年排出ガス規制に適合していた。最もホットな13B型エンジン+5速MT車は0－400m加速15.9秒、最高速度195km/hに達した。60km/h定地燃費は11.0〜14.0km/ℓ。直列4気筒1.8ℓのコスモは15.0〜16.0km/ℓであった。

1977年7月、わが国で初めてランドウトップを採用したコスモL(C-CD23C/C-CD22C型)が追加発売された。記号Lは「Landau」の頭文字。遠く馬車の時代、王侯・貴族が愛用していた優雅な馬車の型式「ランドウ」が原型となっている。アルザスに近いドイツの街ランダウ(Landau)で初めて造られたことから名づけられた。エンジン、トランスミッションなどの仕様はクーペと同じだが、公害対策システムはREAPS-5Eに進化している。

1979年3月、公害対策システムREAPS-7を採用して、昭和53年排出ガス規制に適合した13B型140ps/6500rpm、19.0kg-m/4000rpmエンジンがコスモ(E-CD23C)およびコスモLリミテッド(E-CD23C)に搭載された。この時点ではコスモLリミテッドに13B型135ps、コスモLカスタムシリーズに12A型125psエンジン仕様が設定されていた。

1975年10月、コスモの名前を復活させて登場した2代目コスモAP。

1979年9月、マイナーチェンジで丸型4灯式から変形角型2灯式ヘッドランプに変更され、全車13B型140psエンジンに統一された。希薄燃焼型ロータリーエンジンの開発により、サーマルリアクター方式から触媒方式に変更、実用燃費が約20%向上した。

●第3世代コスモ(1981/11〜)

3代目コスモはルーチェとの兄弟車として、まずレシプロエンジン車の2ドアハードトップが1981年9月、4ドアハードトップとサルーン(4ドアセダン)が10月に発売され、ロータリーエンジン車(E-HBSN2型)は翌月の1981年11月に発売された。2ドア/4ドアハードトップとサルーン(4ドアセダン)があり、エンジンは2ローターで計6つの吸気ポートにより、回転域に応じた最適の吸気供給を可能にした「6PI：6 Port Induction(シックスポートインダクション)」を採用した12A型573cc×2ローター、130ps/7000rpm、16.5kg-m/4000rpm、これに5速MTあるいは3速ATが搭載された。1982年9月にはロックアップ機構付き4速ATが追加設定された。10モード燃費は5速MT車で10.0km/ℓに改善された。

1982年9月18日、ロータリー初の電子制御式燃料噴射装置(EGI)を採用した12A型ロータリーターボ、160ps/6500rpm、23.0kg-m/4000rpm+5速MTを搭載したコスモロータリーターボが追加発売された。

1983年9月、マイナーチェンジで4ドアハードトップは固定式ヘッドランプに変更された。ターボエンジンは12A型インパクトターボ、165ps/6500rpm、23.0kg-m/4000rpmに強化され、さらに4ドアハードトップおよびサルーンに13B型654cc×2ローター、スーパーインジェクション(SI)、160ps/6000rpm、20.5kg-m/3000rpmエンジン搭載車が追加設定された。

1984年9月、2ドアハードトップをマイナーチェンジ。リミテッドに固定式ヘッドランプを採用した。た

1981年11月、ルーチェとの兄弟車として発売された3代目コスモ。

だし、GTはリトラクタブルヘッドランプのまま変更なし。

1986年9月、サルーンおよび13B型スーパーインジェクション160psエンジンは戦列から落とされている。2/4ドアハードトップは1990年まで継続生産された。

●第4世代ユーノスコスモ(1990/4〜)

1990年4月10日、高級パーソナルクーペのユーノスコスモ(E-JCESE/E-JC3SE型)が発売された。ユーノスはマツダの販売5チャンネル戦略の一環として、1989年4月に誕生した高級プレミアムチャンネルで、コスモは商品ラインナップの頂点に立つ高級、高性能車で3ナンバー専用の雄大な2ドアクーペで、世界初のGPS機能を持つ移動体通信システムを採用するなど、時代の最先端をいくクルマであった。エンジンは量産車では世界初のシーケンシャルツインターボ付20B-REW型654cc×3ローター、280ps/6500rpm(ネット)、41.0kg-m/3000rpm、およびシーケンシャルツインターボ付13B-REW型654cc×2ローター、230ps/6500rpm(ネット)、30.0kg-m/3000rpmの2機種が設定された。トランスミッションはロックアップ付電子制御4速ATが積まれた。10モード燃費は20B-REW型搭載車が6.1km/ℓ、13B-REW型は6.9km/ℓであった。1995年7月に生産終了するまでの5年間に8875台生産された。

ロータリーピックアップ(米国、カナダ向け専用車)(1974/4〜)

マツダプロシード、輸出名マツダB-シリーズ・ピックアップに13B型654cc×2ローターエンジン+4速MTあるいは3速ATを積んだロータリーピックアップが発売された。1974年モデルのカタログには馬力表示は無い。1976年型カタログには13B型、110ps/6000rpm(ネット)、16.2kg-m/3500rpm+5速MTが標準で、オプションとして3速ATが用意されていた。さらに1977年型ではキャブが4インチ伸ばされ、居住性が向上している。米国およびカナダ向け専用車で、日本国内では販売されなかった。米国では「REPU(リープー)」の愛称でも呼ばれ、いまでも熱烈なエンスージアストにとってコレクターズアイテムとなっている。1973年の石油ショックに加え、EPA(Environmental Protection Agency:米国環境保護局)が実用燃費より極端に低い燃費を公表したのも影響し、販売は低迷、1977年に生産を終了している。総生産台数1万6272台のうち1万4364台が1974年に生産されている状況からも苦戦したことが推察できる。

米国の「Road & Track」誌1974年7月号に掲載のロードテストの記事によると、EPAの公表値は10mpg(4.25km/ℓ)であったが、その後12〜13mpg(5.10〜5.53km/ℓ)に修正された。「Road & Track」誌による街中と高速走行の実測値では16.5mpg(7.02km/ℓ)であり、悪い数字ではないと記している。

パークウェイロータリー26バス(1974/7〜)

1974年7月、世界初のロータリーバス、パークウェイロータリー26が発売された。この頃マツダはロータリーエンジンを何にでも載せてみようと試み、とうとうバスにも積んでしまった。エンジンはサーマルリアクターによる公害対策システムREAPSを採用した13B型654cc×2ローター、135ps/6500rpm、18.3kg-m/4000rpm。トランスミッションは4速MTで最高速度は120km/hに達した。生産台数は44台と少なく1976年5月に生産を終了した。

ロードペーサーAP(1975/4〜)

1975年4月1日、マツダがフルサイズ市場に参入を図り、ロードペーサーAP(C-RA13S型)が発売(発表は3月17日)された。設備投資を抑えるため、日本と同じ右ハンドル市場であるオーストラリアのGMホールデン社から、1974年に発売されたHJシリーズのプレミアー(Premier)のボディ部品と機械部品を購

1990年4月発売された3ローターRE搭載のユーノスコスモ。

1974年4月、米国、カナダ向け専用車として発売されたロータリーピックアップ。

入、公害対策システムREAPS-4Eにより昭和50年排出ガス規制に適合した13B型135ps/6000rpm、19.0kg-m/4000rpmロータリーエンジン＋ジヤトコ製3速ATを搭載した。　自社開発した場合、少量生産車であっても設備投資に60億円ほど要するが、国際分業によって2億円程度で済んだという。開発期間も交渉開始から発売まで約2年で、自社開発にくらべ約半分で済んだという。

1975年10月、公害対策システムをREAPS-5に進化させ、昭和51年排出ガス規制に適合している。最高速度は165km/hであった。価格は368万円(6人乗り)、371万円(5人乗り)。

1977年8月にはマイナーチェンジでラジエーターグリル、インストゥルメントパネルなど小変更を受けるが、直後の9月に生産を終了してしまう。総生産台数は800台であった。トヨタ・センチュリーの3.4ℓ V8、180ps、28.0kg-mエンジン付が317.6/342万円。日産プレジデントの4.4ℓ V8、200ps、35.0kg-mエンジン付、最高速度195km/hが361万円であったから苦戦を強いられたであろう。

サバンナRX-7（1978/3〜）

1973年10月、世界中を襲った第1次石油ショックに伴う石油価格の高騰は、燃費性能に弱みを持つロータリーエンジンを窮地に追い込む。1973年に約24万台に伸びていた生産台数は、1974年には約12万台に半減、1977年には4.2万台にまで落ち込んでしまう。この当時のマツダの経営環境はロータリーエンジンの存続すら危ぶまれるほど厳しいものであった。社内にはロータリーエンジンが経営危機を招いたとの思わくがあり、米国からロータリーエンジン車は撤退すべしとの声が強かったと言われる。

それまで、すべてのレシプロエンジン車にロータリーエンジン仕様を用意して拡販を図ろうとしたマツダの戦略は、結果としてロータリーエンジンは高価で燃費が悪いというレッテルを貼られる結果を招いてしまった。ロータリーエンジン車の活路は、そのエンジンの持つ特性である出力に対しコンパクト、振動・音に対し有利、使用できる回転数の範囲が広い、トルク特性がスムーズであることなどを活かし、レシプロエンジンでは実現できないクルマ造りが不可欠であるとの結論に達し、RX-7、コード番号605プロジェクトがスタートした。RX-7はマツダのロータリーエンジンの存亡を賭けた、失敗の許されぬ戦略的使命を帯びたクルマと言える。マツダがあっさり捨ててしまった最初のロータリーエンジン専用車、コスモスポーツへの回帰であった。

1975年4月、GMホールデン・プレミアーの車体に13B型REを載せて発売されたロードペーサー AP。

ロータリーエンジンに対する強い逆風のなかでRX-7プロジェクトにゴーサインが出されたのは、1974年10月、マツダ支援のため住友銀行から派遣され、輸出本部付部長に就任した花岡信平(1975年12月、取締役輸出本部長、常務取締役に昇格)のロータリーエンジンへの理解、米国におけるスポーツカーへの的確な需要予測、銀行への開発資金融資要請などの協力によると言われる。

RX-7が発売された同じ年の1978年12月、イラン革命を発端とする第2次石油ショックが起き、ガソリンを自由に使うことがはばかられた時代、クルマへの夢を支える一条の光として登場したRX-7は世界の人々に受け入れられ奇跡的な成功をおさめた。

●第1世代サバンナRX-7(1978/3〜)

1978年3月30日、まったく新しい発想のもと開発されたロータリーエンジン専用のスポーツカー、サバンナRX-7（SA22C型）が発売された。非常に好評で発売後1週間で8000台を受注したという。エンジンはサーマルリアクター方式にEGRバルブを加え、公害対策システムREAPS-7を採用、昭和53年排出ガス規制に適合した12A型573cc×2ローター、130ps/7000rpm、16.5kg-m/4000rpmを積む。トランスミッションは5速MTおよび3速ATが設定されていた。0－400m加速性能は15.8秒(5速MT）の俊足で、10モード燃費6.5km/ℓ、60km/h定地燃費15km/ℓであった。

1979年10月には12A型希薄燃焼式ロータリーエンジンの開発により、サーマルリアクター方式から触媒方式に変更、実用燃費が約20%向上した。1980年11月にはマイナーチェンジで前後のデザイン変更、4輪ディスクブレーキの採用などが実施されている。

1982年3月、エンジンは前年11月にコスモ/ルー

1978年3月、RE専用車として開発、発売された初代サバンナRX-7。

チェに採用されたものと同じ6PI（シックスポートインダクション）を採用した12A型、130psに換装された。

1983年9月、電子制御式燃料噴射装置（EGI）を採用した12A型インパクトターボ、165ps/6500rpm、23.0kg-m/4000rpmエンジン＋5速MTを搭載したモデルが追加設定された。

1978年3月に導入されたRX-7は、すぐれたスタイル、動力性能、運動性能でスポーツカー市場の人気車種となり、マイナーチェンジによってスポーツカーとしてのポテンシャルが高められていった。1979年1月、モーターファン誌「カーオブザイヤー1978グランプリ」を受賞。1980年1月には同誌の「この10年間で最も記念すべき車」に選ばれている。米国IMSA（International Motor Sports Association）シリーズを中心としたレース活動にも積極的に参加、1979年2月、IMSAシリーズ第1戦デイトナ24時間レース、GTUクラス優勝、2位（総合5、6位）を皮切りに、1985年8月には単一車種として通算67勝のIMSAシリーズ新記録を達成している。

●第2世代サバンナRX-7（1985/10～）

1985年10月8日、2代目サバンナRX-7（FC3S型）が発売された。ミドルクラスの本格スポーツカーとすることを目標に開発されており、先代の主要コンポーネントは根本的に見直されている。エンジンはダイレクトインタークーラー付ツインスクロール

The Beautiful Rotary ***SAVANNA RX-7***

いかがでしたか、RX7の世界。

あの静かさ、あの操縦感――は、お伝えすべくもありませんが…。

どうぞ、ご試乗ください。ご予約はお電話で…。

ご自分の手で、ハンドルを握っていただけます。

そして、いつまでも可愛がってください。

アフターサービスには信頼できる男達が控えています。

初期のサバンナRX-7のカタログ裏表紙に大きく印刷されたコピー。製品に対する自信と、乗って良さを分かってもらいたいという努力の証。素晴らしいアイデアだと思うが、1979年以降はやめてしまった。

初代サバンナRX-7に搭載された12A型エンジン。

ターボ13B型654cc×2ローター、185ps/6500rpm（ネット）、25.0kg-m/3500rpm。トランスミッションは新開発の5速MTまたはロックアップ機能付4速ATが採用された。リヤサスペンションは4WS（4輪操舵）技術を応用したトーコントロールハブ付マルチリンクサスペンション、ステアリングはラック＆ピニオン、フロントブレーキには対向4ピストンアルミ製キャリパーを持つベンチレーテッドディスクブレーキを採用するなど、スポーツカーとしての魅力を増した。

1986年8月22日、RX-7をベースに、走りに徹した味付けを施した特別限定仕様車、サバンナRX-7∞（アンフィニ：フランス語で無限の意）を300台限定販売した。2シーター、アルミ製ボンネットフード、専用ダンパー、ホイールはBBS社特注の鍛造アルミホイール、応急用スペアタイヤのホイールもアルミ化されていた。∞（アンフィニ）シリーズは進化のための小変更を加えながら1991年3月までに合計8回限定販売された。1989年9月発売された第5次∞には、RX-7最強の13B型215ps/6500rpm（ネット）、28.0kg-m/4000rpmエンジンが搭載された。

1987年8月、ロータリーエンジン発売20周年を記念して、サバンナRX-7カブリオレ（E-FC3C型）が発売された。スペックはクーペとほぼ同じだが、軽量化のためボンネットフードにアルミ材が使われている。

1989年4月、マイナーチェンジで広範囲なリファインが実施された。外観ではフロントエアダム、ガードモールが変更を受け、テールランプは丸型に変更された。エンジンは13B型だが、圧縮比を8.5：1から9.0：

1985年10月に発売された2代目サバンナRX-7。

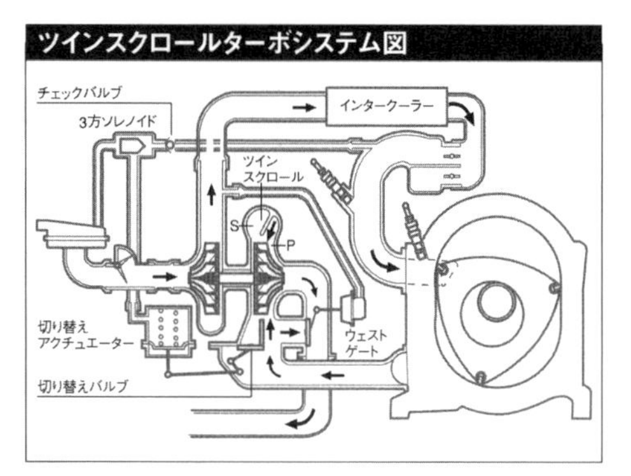

ツインスクロールターボシステム。排気をタービン内に導く通路を2分割し、低速/低負荷時には一方を閉じ、排気の流速を高めて、ターボラグを解消し、低速での過給効果の不足を補う。

1に高め、ローターで－4%、フライホイールで－22%（ともに対従来型重量比）など、回転系トータルで約16%に達する大幅な軽量化によるイナーシャ低減によってハイレスポンスを実現。さらにインディペンデント・ツインスクロールターボなど、新開発技術を投入。一挙に20psのパワーアップとなる最高出力205ps/6500rpm（ネット）と、低中速でのレスポンス向上を主体とする2.5kg-mアップの最大トルク27.5kg-m/3500rpmを達成している。

3代目RX-7が発売された翌年の1992年8月、サバンナRX-7カブリオレ・ファイナルバージョンが限定発売された。

初代に引き続き2代目RX-7も米国IMSAシリーズを中心としたレース活動に参加、1990年9月、IMSAシリーズ・サンアントニオ45分レースで総合1位を獲得すると同時に、史上初の単一車種通算100勝を達成している。

●第3世代アンフィニ(旧サバンナ) RX-7 (1991/12〜)

3代目の開発は1986年秋にスタートした。そして、1988年11月には開発のための特別組織「タスクフォース」が編成され、キーワードは「ときめきと輝き」。サブキーワードを「The Spirit of Zero」とし、パワー・ウェイト・レシオ5.0kg/psを切ることを目標に「ゼロ作戦」と名付け軽量化に挑戦した。軽量化とエンジン性能向上とにより、目標どおり4.9kg/ps（タイプRバサーストの最終モデルでは国産FR車最軽量の4.50kg/psを実現している）を達成している。

こうして1991年12月1日、世界に誇る第一級のスポーツカーを目指して開発されたアンフィニRX-7（FD3S型）が発売され、国内・海外で高く評価される。アンフィニは5チャンネル販売体制の販売チャンネル名のひとつ。3代目は2代目に対し全長、ホイールベース、全高は小さくなったが、全幅が広がり3ナンバー専用車体が採用された。個性的で美しいボディシルエット、オールアルミ製4輪ダブルウイッシュボーンサスペンション、新開発の4輪ダイナミックジオメトリーコントロール機構を装備するなど運動性能の向上を図り、「走る喜び」を徹底的に追求したスポーツカーとなった。低重心を実現するためエンジンを2代目より50mmも低くマウントしている。これはトランスミッションとファイナルドライブユニットをリジッドに結合したスチール製のパワープラントフレーム（P.P.F.）構造を採用し、ミッションマウントを廃止することで実現している。エンジンは18kgの軽量化を達成したシーケンシャルツインターボ付13B-REW型、654cc×2ローター、255ps/6500rpm（ネット）、30.0kg-m/5000rpm。タイプRには5速MT、ファイナルギヤ比4.100、ハードサスペンションを組み合わせて走りに特化し、タイプXとSには5速MTおよび3、4速にロックアップ機能が付いた電子制御4速ATにファイナルギヤ比3.909が積まれた。

1992年10月、限定車アンフィニRX-7タイプRZが発売された。Type Rベースの2シーターにレカロ社製超軽量フルバケットシート、ピレリーP-ZEROタイヤ、サイズアップダンパーなどを装着したテクニカルアドバンスモデルであった。マツダの開発者たちは、つねにRX-7の能力を研ぎ澄ますことを考え、具現するため、2代目のRX-7∞と同様、限定生産という手段をとった。このあと2002年4月発売のRX-7最後の限定車スピリットRシリーズを含め、限定車の発売は10回に及ぶ。

1993年8月、最初のマイナーチェンジを実施。タイ

1987年8月、RE発売20周年を記念して発売されたサバンナRX-7カブリオレ。

1991年12月に発売された3代目RX-7、アンフィニRX-7。

アンフィニRX-7に搭載された13B-REW型エンジン。

1997年10月、新たに採用されたコーポレートマーク。mazdaのロゴマークは変更なし。

プRの廉価版、2シーターのタイプR-Ⅱが追加設定された。同時にタイプXとSはツーリング XとSに変更され4速ATのみが設定された。タイプRに国産車初の17インチ径、フロント45%/リア40%という偏平サイズのスチールラジアルタイヤがオプション設定された。

1995年3月、'95 Year Modelと称して新ラインナップで発売された。限定/特別モデルであったタイプRZとR バサーストがカタログモデルとして戦列に加わり、ツーリングSがカタログから落ち、タイプR-Sが新設された。

1996年1月のマイナーチェンジでテールランプが丸型3連に変更された。エンジンはシーケンシャルツインターボ付13B-REW型だが、最高出力は10psアップの265ps/6500rpm(ネット)となった。グレードのRはRBに変更された。ツーリングXの255ps+4速ATは変わらず。

1997年10月、マツダは飛翔の原点として新しいコーポレートマークを採用した。RX-7についていたアンフィニの名前ははずされ、マツダRX-7となった。

1999年1月、ターボの高効率化、排気システムの改良、クーリング性能の向上などによりエンジンの最高出力は280ps/6500rpm(ネット)、32.0kg-m/5000rpmに達した。このエンジンはタイプRSとRに積まれ、タイプRBの5速MT付には265ps仕様、4速AT付には255ps仕様が積まれていた。

2002年4月、RX-7最後の限定車「スピリットR」シリーズが発売されたが、2002年8月に生産終了となり、24年5ヵ月間続いたRX-7の歴史に幕を閉じた。このあと2003年4月にRX-8が発売されるまでの7ヵ月の間マツダロータリーは、つぎの飛躍に向け着々と準備を重ねていた。

RX-8 (2003/4～)

2003年4月9日、本格的なスポーツカーでありながら、4ドア4シーターという実用性をも兼ね備えた、まったく新しい発想のクルマ、RX-8(LA-SE3P型)が発表された。予約客への納車は4月下旬から、店頭での販売は5月上旬から開始された。

RX-8に搭載された新世代ロータリーエンジン「RENESIS:新たなるロータリーエンジン(RE)の始まり(Genesis)を意味する」は、1995年の第31回東京モーターショーに出品されたコンセプトスポーツカー RX-01のパワーユニットMSP-RE(MSP:Multi Side Port)を直接のルーツとし、1999年の第33回東京モーターショーで発表されたRX-EVOLVに、初めてRENESISの名を冠して搭載され、その後、量産化に向けて徹底的に熟成され、RX-8のパワーユニットとして完成された。RENESISの最も重要な技術的特徴は排気ポートをローターハウジングからサイドハウジングに移設したサイド排気/サイド吸気のポートレイアウトの採用であり、吸排気ポートタイミングのオーバーラップを解消するなどの技術革新が可能となった。さらにシーケンシャル・ダイナミック・エア・インテーク・システムの採用によって、各吸気ポートにロータリーバルブを設け、それぞれの吸気圧力の伝播を最適制御し、低中速域の分厚いトルクと、高回転域での圧倒的な高トルク・高出力を発生させている。この制御を精密に行なうため、アクセルペダルを踏み込む速度や量などを電気信号に変えて最適制御するドライブ・バイ・ワイヤー・システムを採用した。その結果、自然吸気でありながら、ハイパワーユニット13B-MSP(6PI)型654cc×2ローターは250ps/8500rpm(ネット)、22.0kg-m/5500rpm。スタンダードユニット13B-MSP(4PI)型は210ps/7200rpm(ネット)、22.6kg-m/5000rpmを発生する。

グレードのタイプSには250psエンジン+6速MT。タイプEには210ps+ロックアップ機能付電子制御4

1995年の東京モーターショーに登場したRX-01のスケッチ。RENESISエンジンのルーツとなるエンジンを搭載していた。

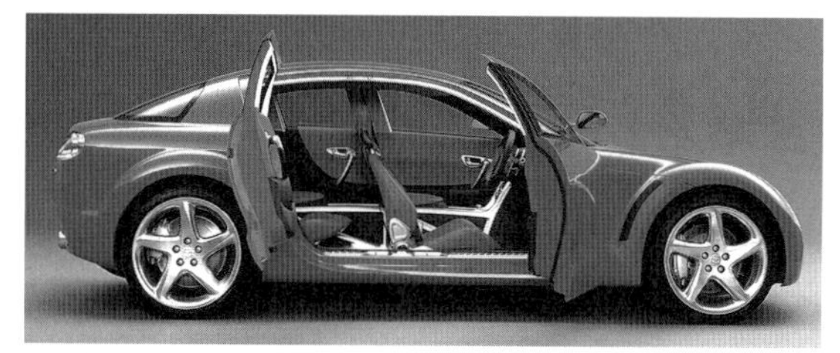

1999年の東京モーターショーに登場したRX-EVOLV。RX-8の原型となったコンセプトカー。

速AT。標準モデルのRX-8には210ps＋5速MTないしは4速ATが積まれた。

RX-8は2003年11月、2004年RJCカーオブザイヤーを受賞。同時にRENESISエンジンは2004年RJCテクノロジーオブザイヤーを受賞している。さらに2004年1月にはオーストラリアの自動車専門誌「Wheels」が主催する2003年カーオブザイヤーを受賞した。

2004年10月、ドイツのパーペンブルクにある1周12.3kmの試験場で231psを積む2台のRX-8が24時間耐久トライアルを実施、合計40の国際記録を樹立している。この時の2台の平均時速は212.835km/h、215.934km/hで、最終的に5000kmを走破した。1991年にル・マン24時間レースで700psのマツダ787Bが総合優勝した時の記録が平均時速205.133km/h、走行距離4923.2kmであったから、RX-8が動力性能だけでなく、抜群の耐久性・信頼性を持つことが証明された。

2006年10月（発表は8月）、4速ATを6速ATに換装、走行状況に応じてシフトパターンを最適化するAAS（Active Adaptive Shift）を進化させている。同時にAT車のエンジンを4ポートから、高回転域での吸気効率の高い6ポートの13B-MSP型、215ps/7450rpm（ネット）、22.0kg-m/5500rpmに換装した。

2008年3月、マイナーチェンジで内外装のリファインを行うとともに、新たにタイプSをベースに、よりピュアなタイプRSが戦列に加わった。タイプRSとSに搭載のハイパワーエンジンについては、7500rpm以上の高回転域での燃料セットを変更し、最高出力を15ps落とした235ps/8200rpm（ネット）＋6速MT。タイプEと標準のRX-8には6ポートの215ps/7450rpm＋新開発のダイレクトモード付6速AT。なお、5速MT車も6ポート215psに換装され、この時点で4ポートエンジンは無くなった。

2009年5月、マイナーチェンジでレインセンサーワイパー、オートライトシステム、撥水機能、アドバンストエントリー＆スタートシステムを全車に標準装備。質感の高いボディーカラー2色新設定。ベース機種呼称をタイプGに変更。オーディオレス仕様が全車で標準化された。5速MT車はカタログから落とされた。

2011年10月7日、RX-8の生産を2012年6月に終了、

2003年2月17日に実施されたRX-8生産開始セレモニー。人物は2003年8月～2008年11月まで社長を務めた井巻久一。

2003年マツダRX-8（北米仕様車）。

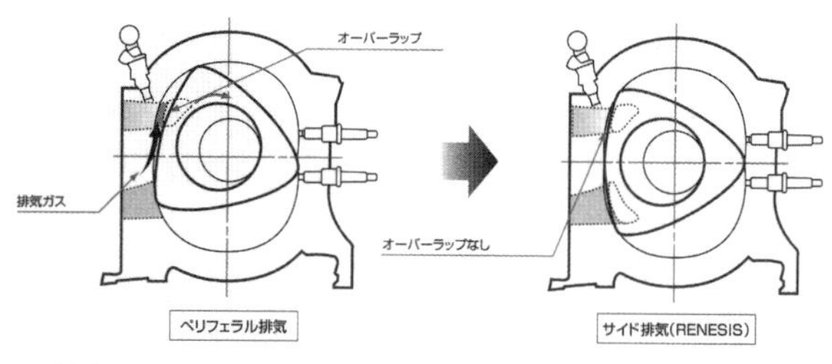

従来のREとRENESISエンジンのポートレイアウトの比較。

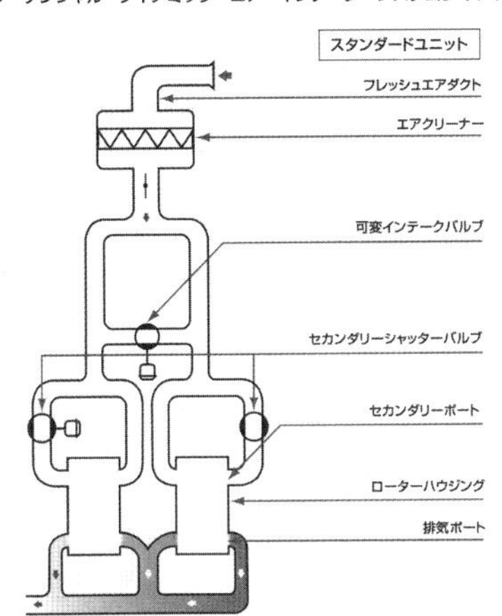

スタンダードエンジンのシーケンシャル・ダイナミック・エア・インテーク・システム図。

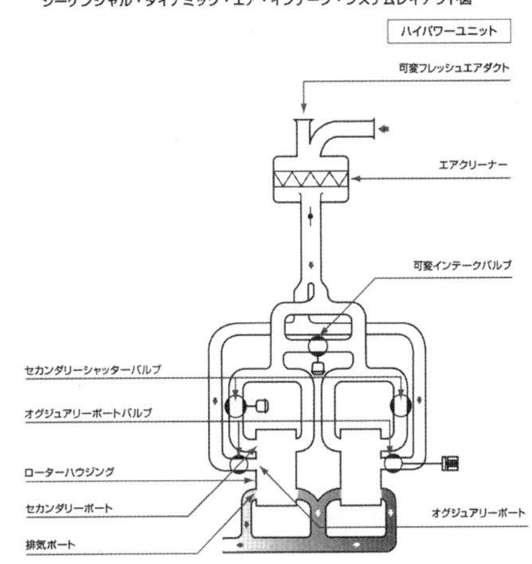

ハイパワーエンジンのシーケンシャル・ダイナミック・エア・インテーク・システム図。

ロータリーエンジンの研究・開発は継続することを発表。同時にRX-8最後の特別仕様車「RX-8 SPIRIT R」を11月24日に発売すると発表した。販売計画台数は1000台であった。SPIRIT RはType RS(6速MT車)およびType E(6速AT車)をベースとして専用シートや専用塗装アルミホイールなどを設定し、RX-7の最後の限定車にも採用されたSPIRIT Rの名称にふさわしいデザインを演出している。

SPIRIT Rは好評で、当初の販売計画台数1000台を超える受注を得たため、2012年4月26日に1000台の追加生産をすることが発表された。

水素ロータリーエンジン車(1991/10～)

「人と地球にやさしい次世代のクルマを夢みるマツダからの具体的な提案です。」のコピーとともに水素ロータリーエンジンを搭載したコンセプトカーHR-Xが登場したのは、「環境・人にやさしい」をテーマとした出展車が多く現れた1991年10月の第29回東京モーターショーであった。エンジンは499cc×2ローター100psをリアミッドシップに積み、水素電池と電気モーターを併設したハイブリッド車。水素タンクには水素吸蔵合金が使われていた。

ロータリーエンジンは構造的に吸排気バルブを持たず、かつ吸気と膨張を行なう場所がわかれているため、比較的低温の吸気室に水素を吸入することができ、バックファイアの回避が容易である。さらにレシプロエンジンに比べて混合気の流動が強く、かつ1行程あたりの時間が長いため、水素と空気の十分なミキシングが可能で、水素燃焼で重要となる均一な混合気をつくることができる。

1993年10月の第30回東京モーターショーにはコンセプトカーHR-X2が登場。エンジンは13B型をベースにしており、654cc×2ローター130psを横置きFFにセットしている。駆動用モーターは積まず、水素吸蔵合金タンクによる水素燃料のみでの航続距離は

2004年10月、ドイツでの24時間耐久トライアルで40の国際記録を樹立した2台のRX-8。

1991年の東京モーターショーに出展されたマツダ最初の水素REハイブリッド車HR-X。

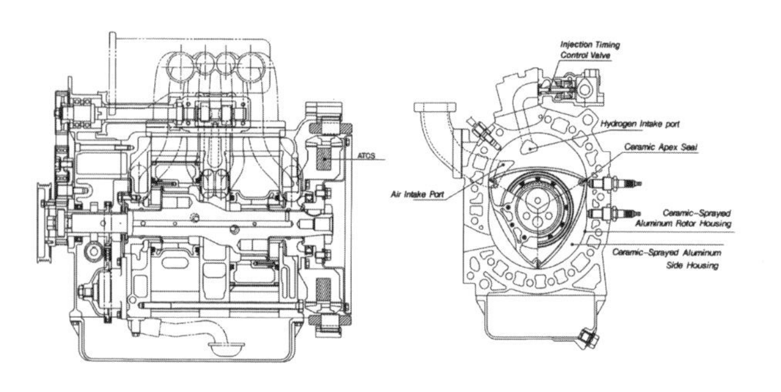

HR-Xに搭載された水素ロータリーエンジン。水素は直噴ではなく、噴射調節バルブから専用サイドポートを経て供給される。

ロータリーエンジンとレシプロエンジンの構造図

バックファイア
IN
EX
過早着火
水素ポート
●吸気室と燃焼室が分離
●熱源となる排気バルブがない

レシプロエンジンと水素に有利なロータリーエンジンの構造比較。

230km(60km/h定地走行)であった。

同じ1993年には499cc×2ローター100psの水素エンジンを積んだMX-5(ロードスター)も開発されている。そして1995年には水素ロータリーエンジン搭載のカペラカーゴ2台で、日本初の公道試験走行を実施した。654cc×2ローター125psを積み、新日本製鐵株式会社と共同で4年間に約4万km走行した。

1993年の第30回東京モーターショーを最後に、水素ロータリーエンジン車は姿を見せなくなった。燃料電池車に宗旨変えしたように見えたが、2003年10月の第37回東京モーターショーに、6ヵ月前に新発売されたRX-8の水素ロータリーエンジン車「RX-8ハイドロジェンRE」が参考出品された。従来の実験車と大きく違うのは、高圧水素タンクの採用と、ガソリンタンクも搭載し、水素/ガソリンどちらの燃料でも走行可能なデュアルフューエルシステムを採用したことである。そしてローターハウジングの頂上に設けた1ローターにつき2本の電子制御ガスインジェクターで水素を吸気行程室内に直接噴射する方式　を採用した。水素使用に伴うエンジンや車両の変更が

2007年11月、ハイノールとの調印式。右端は井巻社長(当時)、場所は駐日ノルウェー王国大使館。

わずかなため、低コストで水素エネルギー車が実現可能となった。エンジンはRX-8のRENESIS 654cc×2ローターがベースとなっており、最高出力と最大トルクは、ガソリン使用時210ps/7200rpm、22.6kg-m/5000rpm。水素使用時110ps/7200rpm、12.2kg-m/5000rpmである。航続距離は水素使用時100km(10・15モード)、ガソリン使用時549km。

2005年10月、第39回東京モーターショーでRX-8ハイドロジェンREを正式発表し、2006年2月には世界初の限定リース販売を開始した。

2009年4月にはノルウェーの国家プロジェクトであるハイノール(HyNor: Hydrogen Road of Norway)と共同でRX-8ハイドロジェンREによる同国の公道走行を開始、翌5月にオスロで行なわれたハイノールの水素ステーション開所を祝う記念式典で、ノルウェー仕様の「マツダRX-8ハイドロジェンRE」を公開している。ハイノールとは、オスロ～スタバンゲル間を結ぶハイウエーの各拠点に水素ステーションを設置し、全長580kmを水素自動車で走行可能にすることを目指すノルウェーの国家プロジェクトで、RX-8ハイドロジェンREが数十台納入される予定。

2010年5月18日、世界初の水素ロータリーエンジン車の実用化や、ノルウェーの国家プロジェクト「ハイノール」への参画など、マツダの水素エネルギーに対する積極的な取り組みが評価され、国際水素エネルギー協会(International Association for Hydrogen Energy: IAHE)より、「IAHE サー・ウィリアム・グローブ賞(IAHE Sir William Grove Award)」を受賞した。

2005年10月、第39回東京モーターショーにはもう1台の水素ロータリーエンジン車「プレマシーハイドロジェンREハイブリッド」が参考出品された。水素

ルマンで快走するマツダ787B。

でもガソリンでも走行できるデュアルフューエルシステム採用の水素ロータリーエンジンをフロント横置きとし、ハイブリッドシステムを組み合わせたコンセプトカーである。2007年の第40回東京モーターショーにも改良型が参考出品され、2009年3月25日からリース販売を開始した。駆動ユニットの出力をRX-8ハイドロジェンREに比べ約40%改善し、加速性能の大幅な向上を図り、水素使用時の航続距離は約200kmを達成した。

普及には、水素ステーション設置などインフラの整備、水素をいかにして環境負荷を抑えて確保するかなどが課題となろう。

ル・マン総合優勝(1991/6)

日本政府が自動車産業再編成を考え、マツダが独立企業として残れるか危ぶまれたとき、当時の松田恒次社長はマツダの存在価値をロータリーエンジンの開発に求めた。そして1974年からル・マンへの挑戦を始めたのは、ロータリーエンジンの存在価値を世界に訴えるためであった。ル・マンで勝つということはスピード、信頼性、安全性が世界的に認められることである。

そして挑戦すること13回目の1991年6月、第59回ル・マン24時間耐久レースで2台のマツダ787Bが総合優勝と6位、さらに787が8位という快挙を成し遂げた。多くの自動車会社が開発を断念し、マツダだけが執念を持ち続けたロータリーエンジンで、1923年以来ル・マンの歴史の中でレシプロエンジン以外のエンジンが初めて優勝したのである。

SWC(Sportscar World Championship:スポーツカー世界選手権)にはFISA(Fédération Internationale du Sport Automobile:国際自動車スポーツ連盟)によって当初から毎年のように変更が加えられてきたが、1991年のル・マンには2つのカテゴリーのマシンが参戦を許可されていた。ひとつは、3.5ℓ12気筒以下の自然吸気エンジン、最低重量750kg、燃料制限なしのカテゴリー1。そして、排気量制限なし、エンジンの種類によって重量ハンデあり、燃料使用量2550ℓまでのカテゴリー2である。自然吸気ロータリーエンジンの最低重量は830kg(ポルシェ962、クーガーなどは950kg、メルセデスC11、ジャガーXJR12などは1000kg)であった。

1992年からFISAによるSWC参加車両規格の改定で3.5ℓ自然吸気レシプロエンジン以外の参加は不可能となったので、マツダロータリーにとって最後のチャンスを有終の美で飾ることができた。

マツダ787Bに搭載されたR26B型4ローターロータリーエンジン。

2023年11月、マツダ787Bは「2023 日本自動車殿堂 歴史遺産車」に選定された。「世界最高峰の耐久レースであるルマン24時間レースで、純国産車およびロータリーエンジン車として初の総合優勝」「"飽くなき挑戦"を続け日本の技術を世界に知らしめた」ことが評価された。マツダ車が「日本自動車殿堂 歴史遺産車」に選定されたのは、2003年のコスモスポーツ、2019年の初代ロードスターに続いて、3回目であった。

MX-30 Rotary-EV

2023年1月9日、マツダモーターヨーロッパから「電気の時代に向けて生まれ変わったロータリーエンジン」と題するリリースが発表された。内容は「マツダは温室効果ガス削減というグローバルな課題に対するマルチ・ソリューション・アプローチとして、2023年のブリュッセルモーターショーでMX-30の新しいパワートレインを発表する。今春より欧州市場で発売される、マツダのコンパクトクロスオーバー（MX-30）に搭載される独自のプラグインハイブリッドパワートレインには、新開発のロータリーエンジンで駆動される発電機が搭載される。新型MX-30は2023年1月13日10時にブリュッセルモーターショーで公開される。」というものであった。

そして、1月13日にロータリーエンジンを発電機として採用した、マツダ独自の電動化技術「e-SKYACTIV R-EV」を搭載したプラグインハイブリッドモデル「MAZDA MX-30 e-SKYACTIV R-EV（エムエックスサーティー イースカイアクティブ アールイーブイ）」がブリュッセルモーターショーで初公開された。

マツダ初の量産バッテリーEV（BEV）として2020年に導入したMX-30は、マイルドハイブリッドモデルも一部市場向けにラインアップして、マツダの電動化を主導してきたモデルであり、MX-30 Rotary-EVはMX-30 BEVの基本的な提供価値はそのままに、BEVとしての使い方を拡張したシリーズ式プラグインハイブリッドモデルで、BEVが35.5kWhの駆動用リチウムイオンバッテリーを積み、1充電走行距離256km（欧州WLTCモード）なのに対し、R-EVは半分ほどの17.8kWhのバッテリーを積み、EV走行時の1充電走行距離は普段使いには十分な107kmとし、長距離走行時対応としてロータリーエンジン駆動の発電

2023年1月、ブリュッセルモーターショーで初公開されたマツダMX-30 Rotary-EV。写真のクルマは特別仕様車のEdition R。

MX-30 Rotary-EVのプラットフォームとコンポーネンツの取付状況を示す透視図。

MX-30 Rotary-EVのコンパクトにまとめられた電駆ユニット。

2023年9月、国内受注開始し、11月に発売されたMX-30 Rotary-EV。

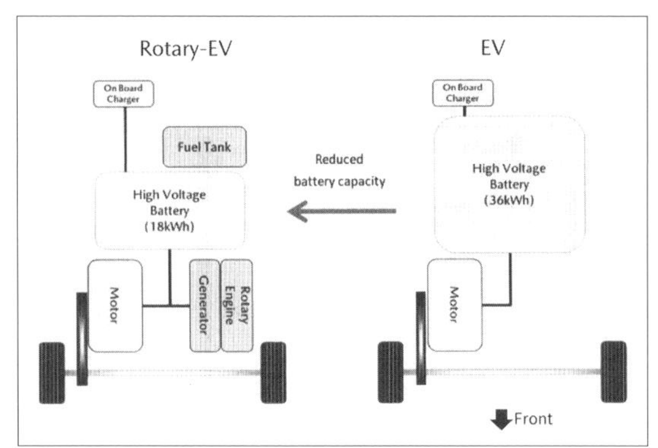

EVとRotary-EVの比較。小型化されたシリーズハイブリッドシステムをEVモデルと同じ車体フレームに搭載し航続距離を延長している。

機と50Lの燃料タンクを組み合わせ、レンジエクステンダー（航続距離延長装置）とすることで、電動車ならではの「走る歓び」を、航続距離や充電などを気にすることなく、安心して自由に楽しむことができる。

また、普通・急速両方の方式に対応した充電機能や1500Wの給電機能、使用シーンに合わせて選択できる「EVモード」「ノーマルモード」「チャージモード」の3つの走行モードを備えている。

新たに開発された発電用830cc×1ローターの8C型ロータリーエンジンは、必要とされる出力性能をコンパクトに実現できるロータリーエンジンの特長を活かし、高出力モーター、ジェネレーターと同軸上に配置してモータールームに搭載している。駆動はすべてモーターで行われる。モーターの最高出力はMX-30 BEVの107kWに対し、MX-30 Rotary-EVは125kWであり加速性能はMX-30 BEVより若干優位にある。

2023年9月14日、MX-30 Rotary-EVの受注を開始、発売は2023年11月。2012年の量産終了後、11年の月日を経て、マツダの電動化をリードし、新しい試みに挑戦するMX-30で、電動化の時代に、発電機というカタチでロータリーエンジンが復活した。そして、2023年10月30日、マツダはロータリーエンジン搭載車の累計生産台数が200万台に達したことを発表した。

ロータリーエンジンの組み立てを担当する「RE TAKUMI WORKSHOP」のチームメンバー。

電駆ユニットは8C型830cc×1ローター 53kW（72ps）エンジン、薄型高出力発電機、最高出力125kW（170ps）のモーターを同軸上に一体化している。

17.8kwhのリチウムイオンバッテリーと50ℓの燃料タンクで、長距離走行も充電の心配がないEVを実現している。

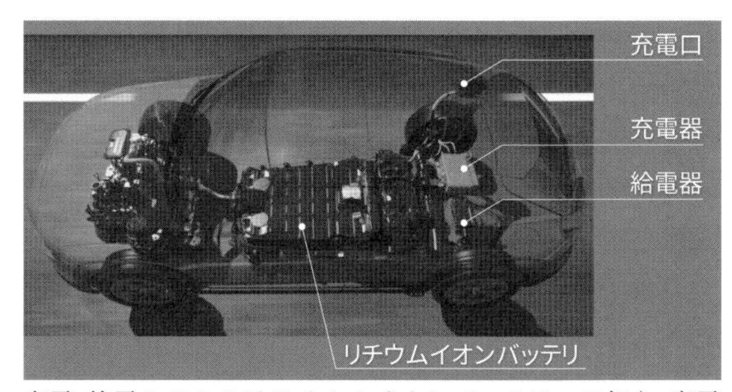

充電、給電システムはリチウムイオンバッテリーに加え、充電器、給電器、充電口をリア側に配置している。

MX-30 Rotary-EVの電駆ユニット。

カタログでたどる

ロータリーエンジン車

ある時期、世界中の自動車メーカーからロータリーエンジン車が出現するのではないかと期待したが、市販されたのは特許権を持つドイツのNSU、およびNSUと合弁会社を立ち上げたフランスのシトロエン、そして日本のマツダ（当時は東洋工業）の3社だけであった。

第4章には、NSUバンケルスパイダーとRo80、シトロエンから市場性検討のため試験的に作られ、限定販売されたM35、短期間だが市販されたGSビロトール（Birotor）をはじめ、市販には至らなかったが、公表されたコンセプトモデル、プロトタイプ、あるいはロータリーエンジン搭載を検討したが、途中でレシプロエンジンに変更してしまったモデルのいくつかを紹介する。

さらに、国内販売は行なわれなかったが、日本で唯一量産されたロータリーエンジン二輪車スズキRE-5といくつかのサンプルを併せて紹介した。

第5章には、コスモスポーツにはじまるマツダのロータリーエンジン車をカタログで紹介する。

モデルの記載順序は、基本的には第1世代（初代）モデルの発売時期順に取り入れ、そのモデルの変遷を最終世代、あるいは最新世代まで連続して記述する方式を採った。

巻末に載せた「マツダロータリーエンジンの変遷」はエンジンをベースにしたモデル変遷の全容を理解する一助になれば幸いである。また、「マツダロータリーエンジン車車種別生産台数」は、市場のロータリーエンジンに対する反応とマツダの戦略を推察する手掛かりになろう。

そして最後に、マツダロータリーにとって最高の勲章である、1991年ル・マン総合優勝の紹介と、量産モデルのコンセプトカーとして紹介しきれなかった、ロータリーエンジンを搭載したコンセプトあるいはショーモデルを紹介する。

限られた紙面で、限られたカタログの紹介ではあるが、ロータリーエンジン車の歴史をたどる資料としてお役にたてれば幸いである。

ドイツのネッカーズルムにあったNSU本社。駐車しているクルマはNSUスポーツプリンツおよびNSUプリンツⅢ。左は1962年発行の会社紹介冊子の表紙。左下は会社紹介冊子に紹介された試作ロータリーエンジン（RE）。ブリーフケースに収まるほどコンパクトだとアピールし、レシプロエンジンは80年の歴史があるが、REは開発開始から3年半しか経っておらず、量産にはもう少し時間が必要と訴えている。

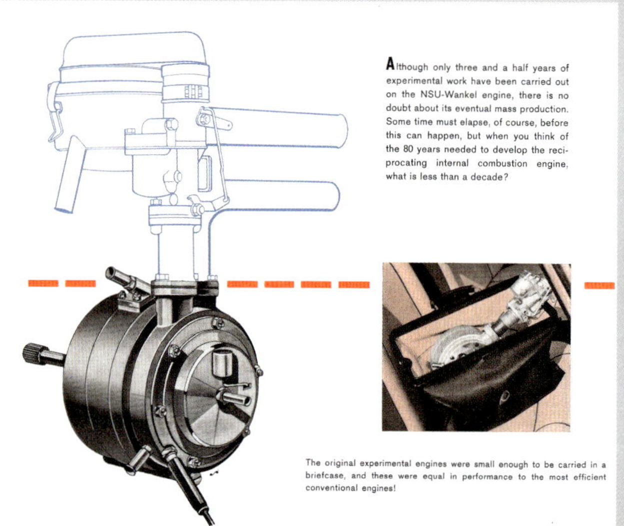

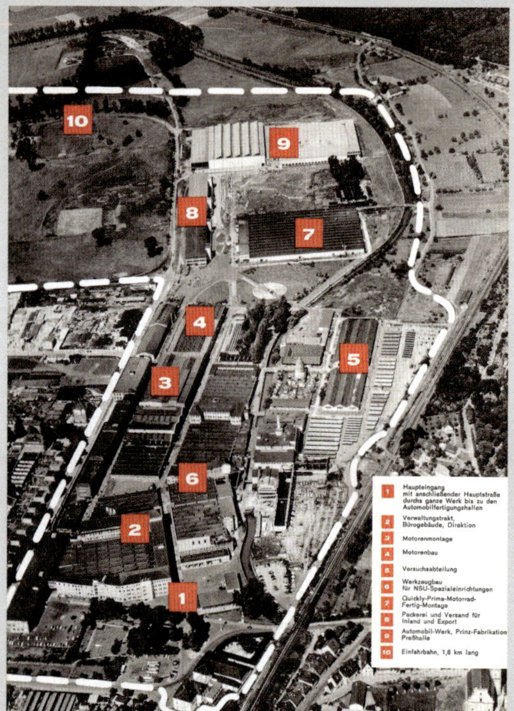

ネッカーズルムのNSU本社・工場全景。総面積約52万㎡、7500名ほどが働いていた。

1961年のNSU社工場アッセンブリーライン。手前にスポーツプリンツ、奥にはプリンツが流れる。

市販されたロータリーエンジン車 ●NSUスパイダー（1964/9～）●

左は1963年9月に発行された世界初の量産ロータリーエンジン車NSUスパイダーのプレスインフォメーション。添えられていたカバーレターにも記されていたが、長く、困難な開発過程のエピソードなども含む内容であった。予定価格は8500ドイツマルクと発表された。右はNSUスパイダーの500ccシングルローター 64hp/5000rpm(SAE)、7.5kg-m/3000rpmエンジン。吸・排気ともペリフェラルポートで気化器はソレックス16-32 HHD型。トランスミッションは4速MTのみ。

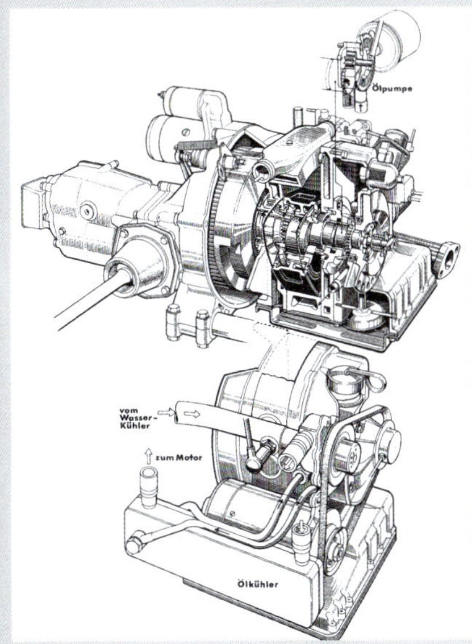

NSUスパイダーの透視図。駆動方式はRRでラジエーターを前方に置き、センタートンネル内を通る2本のパイプでつないでいる。サスペンションは前輪がウイッシュボーン、後輪はセミトレーリングアーム方式。

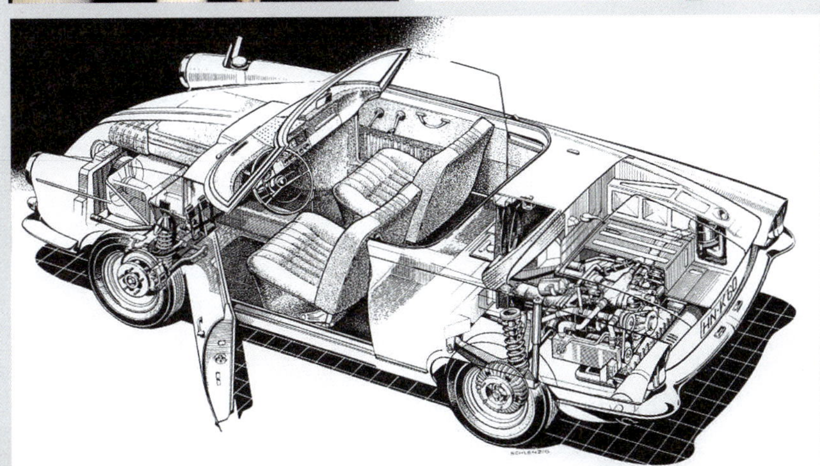

NSUスパイダーの日本語版カタログ。全長3580mm、全幅1520mm、全高1235mm、ホイールベース2020mm、車両重量700kg、最高速度152km/h、価格は170万円（オプションの純正ハードトップ付）。クーペボディのNSUスポーツ（空冷2気筒598cc、36hpを積む）が107万円であった。輸入総代理店は東京・赤坂の安全自動車。

●NSU Ro 80(1967/10〜)●

1967年9月のフランクフルト・モーターショーで発表されたNSU Ro80。これは会場で配布された最初のカタログ。現地価格は1万4150ドイツマルク。日本の輸入総代理店は安全自動車で価格は280万円であった。当時トヨペットクラウンの価格が75〜122万円であった。

風洞実験をとおして完成した流麗なボディを纏うRo80。サイズは全長4780mm、全幅1760mm、全高1410mm、ホイールベース2860mm。車両重量1280kg、最高速度は180km/hに達した。

全周をパッドで囲んだシンプルなインストゥルメントパネルを持つRo80の運転席。セミATのためクラッチペダルは無い。床から生えた長いシフトレバーが時代を物語る。木目調のフィニッシャーはすぐに黒色の合成樹脂に変更された。

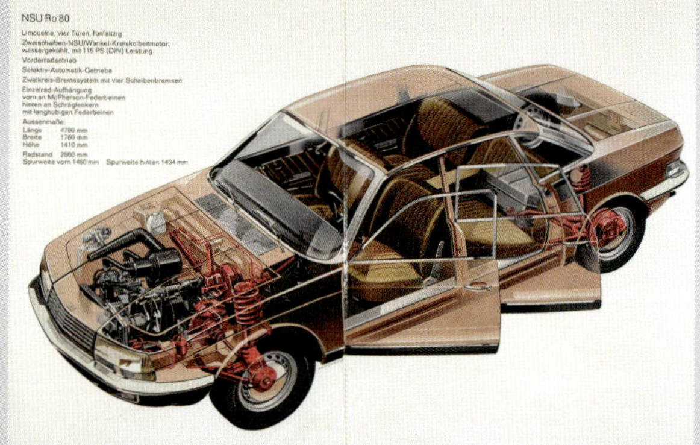

Ro80はFFの駆動方式を採用。エンジン、トルクコンバーターは前車軸より前に位置するのでフロントヘビィは避けられそうもない。サスペンションは前輪がウイッシュボーン+マクファーソンストラット、後輪はセミトレーリングアームを採用。ブレーキは4輪ディスクでフロントにはインボードタイプを採用している。

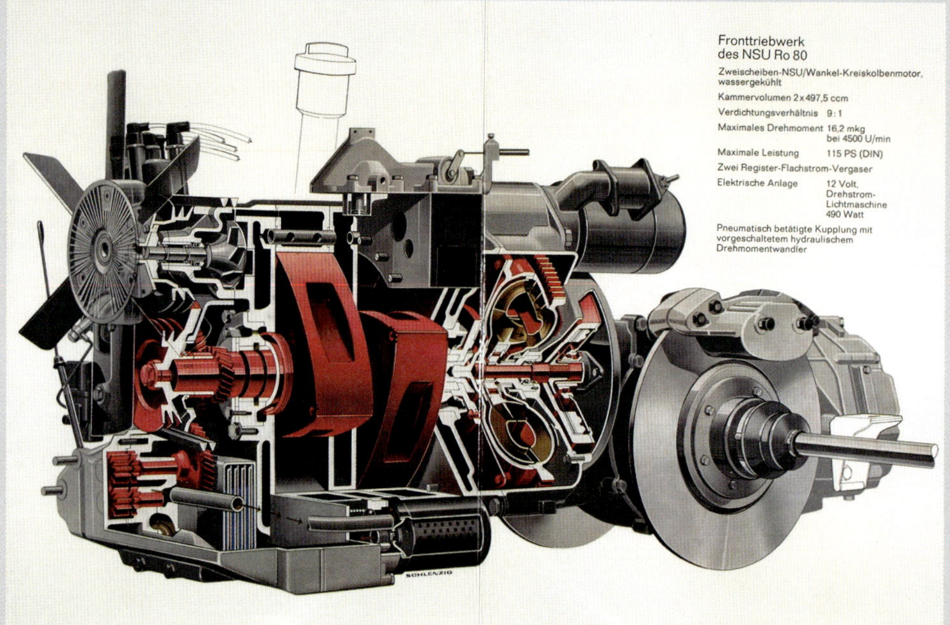

Ro80に搭載された497.5cc×2ローター 115ps/5500rpm、16.2kg-m/4500rpmエンジン。吸・排気ともペリフェラルポート方式を採用している。トランスミッションは3速MTにトルクコンバーターとクラッチを組み合わせたセミAT。ヒートショックによるローターハウジングのスパークプラグ周りの亀裂に悩まされ、これが短命に終わった主原因と言われる。

米国で入手した初期のRo80のカタログ。「Ro80-モータリングでの新体験」と謳った27cm×39cmの大判カタログで、空力を追求した結果生まれた流麗なボディがダイナミックな写真で紹介されている。

OPTIONAL EXTRAS

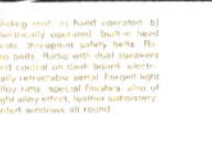

オプショナル装備の紹介。スライディングルーフ、ビルトインヘッドレスト、3点式シートベルト、デュアルスピーカー付ラジオ、電動アンテナ、アルミホイール、レザー仕様の内装などが用意されていた。

Ro80の運転席とシート。FF駆動方式とロングホイールベースによって、ゆったりとした居住空間を確保し、当時はオプションでも用意されていないクルマが多かった、パワーステアリングとセミATを標準で装備していた。

1969年にアウトウニオン社と合併したのちも、左の1971年5月発行のカタログまで車名はNSU Ro80となっているが、1972年5月発行のカタログではNSUの名前は落とされ、Ro80の記載のみとなった。ただし、車体前部につくNSUのエンブレムは残されている。右は1975年8月に発行された、おそらくRo80最後のカタログ。全長が15mm伸び4795mmに、車両重量が10kg重くなり1290kgとなっている。そして、合計3万7402台生産し1977年に販売を打ち切ってしまった。

●シトロエンM35(1970/1〜)●

Citroën. prototype M 35, 1970

1970年1月からフランス国内で限定販売されたシトロエン初のロータリーエンジン搭載プロトタイプM35。フロントフェンダーに「Prototype Citroën M35 nº1」とあるように、全車にシリアルナンバーが付けられていた。このイラストはシトロエン社が1979年に創立60周年を記念して発行した画集より引用した。

木陰で一息入れるM35 nº4。駆動方式はFFで、NSU製KKM613型水冷シングルローター 995cc、49psエンジン+4速MTを積む。このクラスでは初のハイドロニューマチック・サスペンションを持つ。

M35 nº1のリアビュー。2+2クーペボディのサイズは全長4050mm、全幅1554mm、ホイールベース2400mm。最高速度は144km/h。合計267台生産された。

●シトロエンGSビロトール(1974/3〜)●

1974年7月に発行されたシトロエンGSビロトールの専用カタログ。他のGSの145-15ZXタイヤに対し、ビロトールは165-14XASタイヤを履き、トレッドも前輪が49mm広い1427mm、後輪は20mm広く1348mmあるので、ぐっと安定感が増している。

GS総合カタログに載ったビロトール。フロントフェンダーに付けられた「GS Birotor」のオーナメント、および他のGSよりタイヤ幅、トレッドが広いためホイールアーチにフレアが設けられているので容易に識別できる。

GSビロトールの運転席。インストゥルメントパネルはGSX、GSX2と同じ丸型5連メーターを採用。トランスミッションはトルクコンバーターを備えた3速セミATのみ。

GSビロトールの透視図。FFでハイドロニューマチック・サスペンションを持つ。サイズは全長4120(他のGSに比べ±0)mm、全幅1644(+34)mm、全高1370(+20)mm、ホイールベース2552(+2)mm。車両重量1140(+228～245)kg、最高速度は175(+24～27)km/h、0-400m加速18.6(−1.1～2.3)秒であった。価格は2万6200(+8000～1万860)フランと高価であった。

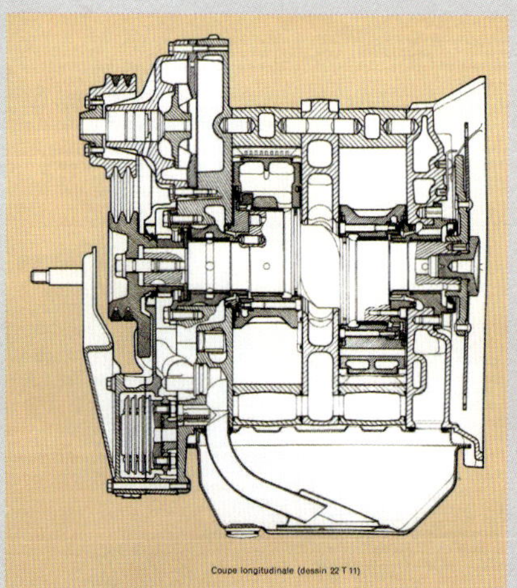

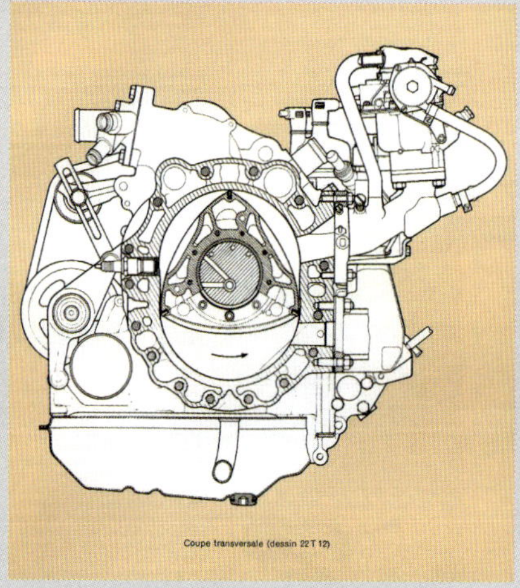

GSビロトールに搭載されたコモトール製KKM624型995cc×2ローター、圧縮比9.0：1、107ps/6500rpm、14kg-m/3000rpmエンジン。吸・排気ともペリフェラルポートを持つ。

1973年10月にシトロエン社広報が発行した「コモトール」と題するロータリーエンジン紹介冊子。

●シトロエン ヘリコプター●

1970年代にシトロエンが開発した2人乗りヘリコプター。エンジンは1200cc×2ローター、190ps/6500rpmを積み、機体重量625kg(積載時840kg)、最高速度205km/h、巡航速度175km/h、燃料消費量4.35km/ℓであった。量産には至らなかった。

市販されなかったロータリーエンジン車

メルセデス・ベンツのロータリーエンジン実験車。奥からプロトタイプ、1969年8月に発表されたC111-I型（Ⅱ型発表まではC111型と称した）、1970年3月に発表されたC111-Ⅱ型。

C111-I型。個体により細部は微妙に異なる。ペリフェラルポートを持つ600cc×3ローター、280ps/7000rpm、30kg-m/5000-6500rpmエンジン+5速MTをミッドシップに積む。全長4230mm、全幅1800mm、全高1125mm、ホイールベース2620mm、車両重量1100kg、パワー・ウエイト比3.9kg/ps、最高速度260km/h、0-100km/h加速約5秒。

C111-Ⅱ型。エンジンは600cc×4ローター、350ps/7000rpm、40kg-m/4000-5500rpmに強化された。パワー・ウエイト比3.6kg/ps、最高速度300km/h、0-100km/h加速約4.8秒。銀色のクルマはREの代わりに市販の3ℓ 5気筒ターボディーゼルをチューニングして230psを得て、空気抵抗係数Cd値0.195の空力車体に載せたC111-Ⅲ型。1978年4月、イタリア・ナルドの高速コースで11の速度記録を樹立した。

1973年のフランクフルト・モーターショーに登場したGM初の2ローターREを搭載したコンセプトカー、コルヴェットXP-897。ボディ架装はイタリアのピニンファリナが担当した。

1973年のパリ・モーターショーにGMが出展した799cc×4ローター、300psのRE搭載のコンセプトカー。1970年に発表されたコルヴェットXP-882のシャシーを流用したモデルであった。

1975年春にロータリーエンジンを積んで発売すると発表されたが、キャンセルされ4.3ℓ V8と2.3ℓ直列4気筒を積んで発売された1975年型シボレー・モンザ2+2。

INTRODUCING THE 1975 ALL-NEW PACER
WITH THE AMC BUYER PROTECTION PLAN™

PACER... THE FIRST WIDE SMALL CAR

Special AUTO SHOW Edition

GMのRE発売中止のとばっちりを受け、REでFF駆動を前提に設計していたが、急遽自前の直列6気筒エンジンでFR駆動を余儀なくされたと言われる、アメリカン・モーター社（AMC）の新型サブコンパクトカー、ペーサー。全長4356mmに対し、全幅1956mmというユニークなサイズのクルマであった。

1982年に発売されたデロリアンDMC-12も初期の計画段階ではロータリーエンジンの採用を検討していた。最終的に採用されたのはプジョー、ルノー、ボルボの3社が共同開発した、ボッシュKジェトロニック燃料噴射付2.85ℓV6エンジンであった。

いすゞロータリエンジンについて

—< Rotary Engine >—

　ロータリエンジンとは、現在のガソリンエンジン（レシプロエンジン）がピストンの往復運動を回転運動に変えるのに対し、エンジンの中で直接回転体（ローター）をまわして動力を生み出そうとする理想的なもので、レシプロエンジンに比べ、小型で高出力が得られる、燃料消費率が良い、車輌の軽量化がはかれるなど数々の利点をもっております。

　現在世界で実際にテストが試みられているのは、西独N.S.U社のバンケルエンジン（わが国では東洋工業がこれと共同研究中）でありますが、わが社のロータリエンジンもまた新しい歴史を切り開くことになりました。

いすゞロータリエンジンの特長

1. このエンジンはいすゞ独自で設計した新型ロータリエンジンで、バンケルエンジンとは全く異っております。
2. いすゞベレットに搭載することを目標として計画されたもので、極めて小型軽量であります。
3. 作動室容積は500ccで、重量は75kg（変速機を除く）となっております。
4. 内外２個の回転体が主体で、燃焼室は外部回転体に３個配置され、強制吸排気を行いながら作動します。
5. 燃料はガソリンを用い、燃料消費はかなり少なくなります。
6. エンジンの冷却は空冷、油冷の併用方式であります。
7. 日本をはじめ米，英，独，仏，伊，加，豪に特許出願中であります。

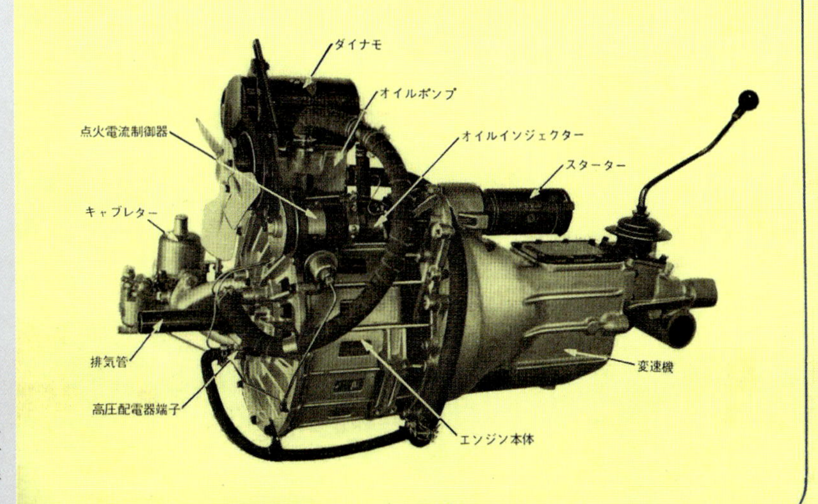

いすゞ自動車株式会社

38. 10.

1963年の第10回全日本自動車ショー会場で配布された、いすゞロータリーエンジンについてのリーフレット。500ccで重量75kg（変速機を除く）以外のデータは不明。いすゞ独自の設計で、日、米、英、独、仏、伊、加、豪に特許出願中とある。内外2個の回転体が主体とあり、バンケルの初期のDKM型に近いものではないだろうか。

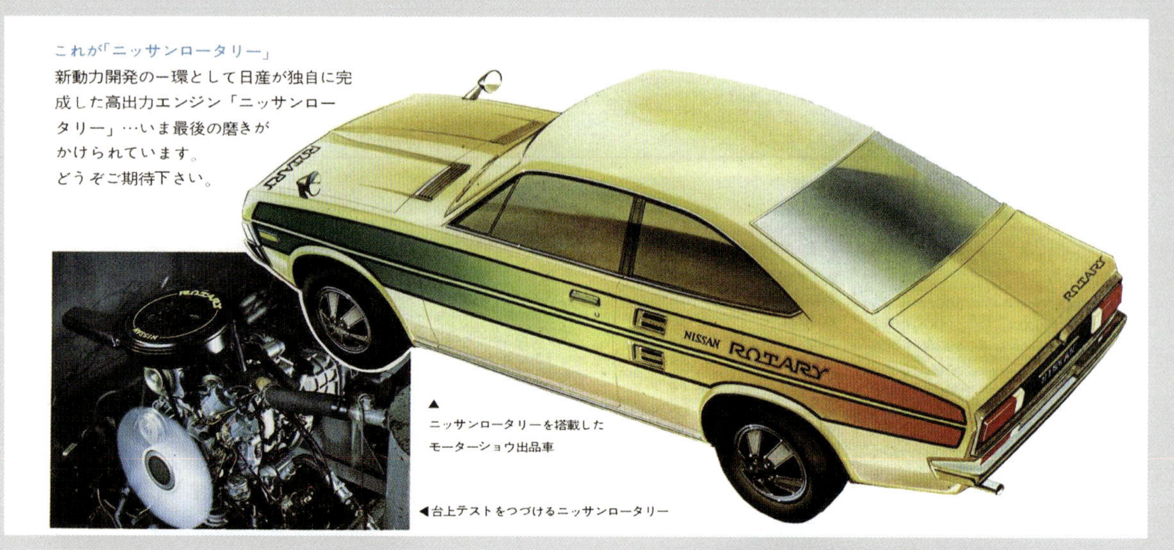

1972年の第19回東京モーターショーに出展された、2ローター REを搭載したサニークーペ。日産は2代目シルビア（S10型）にRE搭載を予定し、1974年3月には運輸省の型式認定公式試験まで受けたが、1973年の石油ショックで燃費の悪さがクローズアップされ、発売を断念している。

トヨタ・ロータリエンジン

1977年の第22回東京モーターショーに出展されたトヨタの595cc×2ローター、125psエンジン。希薄燃焼と酸化触媒の採用で昭和53年規制に適合していたが、燃費はレシプロエンジンには及ばなかったと言われる。

これはトヨタ産業技術記念館に展示されている、燃料噴射方式を採用した試作ロータリーエンジン。

ロータリーエンジン搭載モーターサイクル

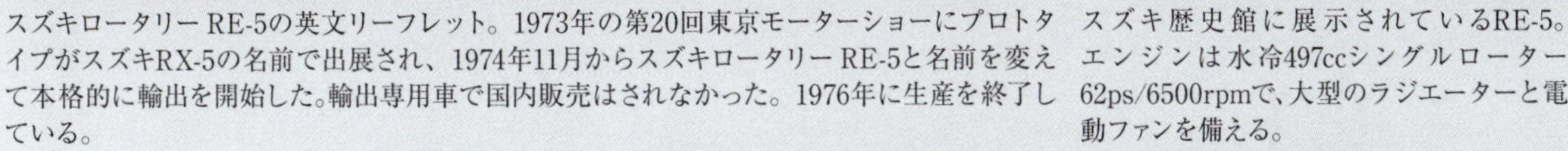

スズキロータリー RE-5の英文リーフレット。1973年の第20回東京モーターショーにプロトタイプがスズキRX-5の名前で出展され、1974年11月からスズキロータリー RE-5と名前を変えて本格的に輸出を開始した。輸出専用車で国内販売はされなかった。1976年に生産を終了している。

スズキ歴史館に展示されているRE-5。エンジンは水冷497ccシングルローター62ps/6500rpmで、大型のラジエーターと電動ファンを備える。

1974年当時のRE-5組み立てラインの様子。

1972年の第19回東京モーターショーに登場したヤマハロータリー RZ201。NSU社とのライセンス契約を持つヤンマーディーゼルと共同開発した、ペリフェラルポートとサイドポートを併設したコンビポート方式の330cc × 2ローター 68ps/6500rpmを積む。最高速度190km/h。残念ながら量産には至らなかった。

ロータリーエンジンをレンジエクステンダーとしたモデル ●アウディA1 e-tron●(2010/3)

2010年3月に開催されたジュネーブ・モーターショーに登場したコンセプトカー、アウディ A1 e-tron。2009年のIAA(フランクフルト・モーターショー)に登場した、4輪にモーターを備えたBEVハイパーフォーマンススポーツカー。2010年のNAIAS(デトロイト・モーターショー)に登場した後輪に2台のモーターを備えたBEVライトウエイト2シーターに続く、e-tronモデルシリーズの第3弾であった。前輪を1台のモーターで駆動するBEVで、後部にロータリーエンジン駆動の発電機ユニットによるレンジエクステンダーを備えたモデルであった。充電用プラグはフロントグリルのエンブレムの後ろに隠されている。

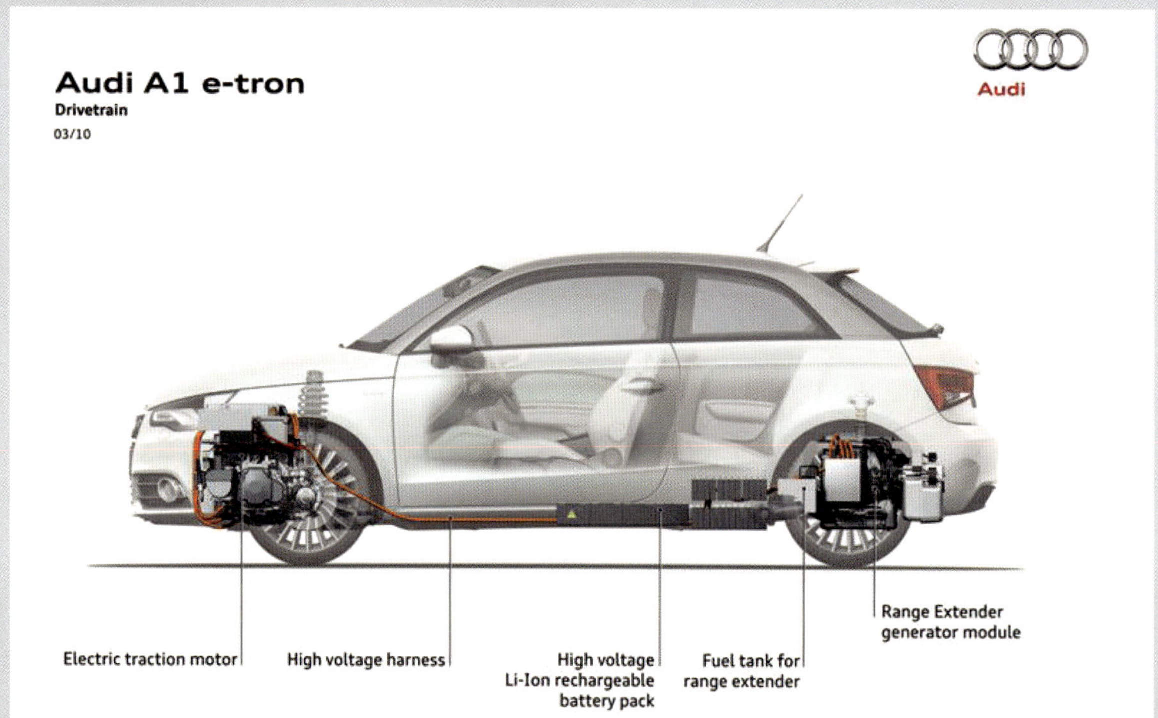

アウディ A1 e-tronのドライブトレイン。フロントに駆動用モーター、シングルスピードトランスミッション(D、R、N)。リアにレンジエクステンダーユニット。そして床下にリチュームイオンバッテリーが装着されている。

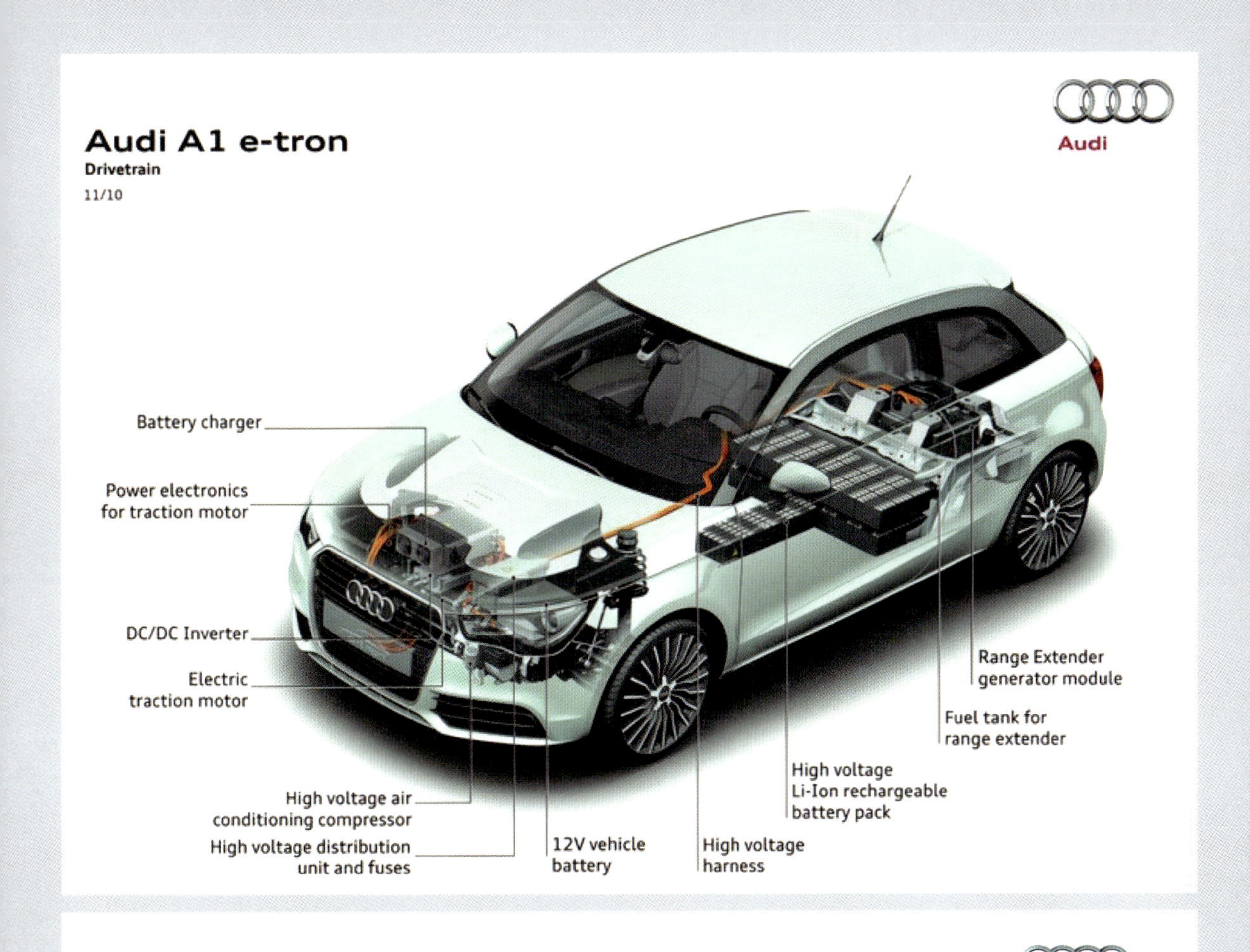

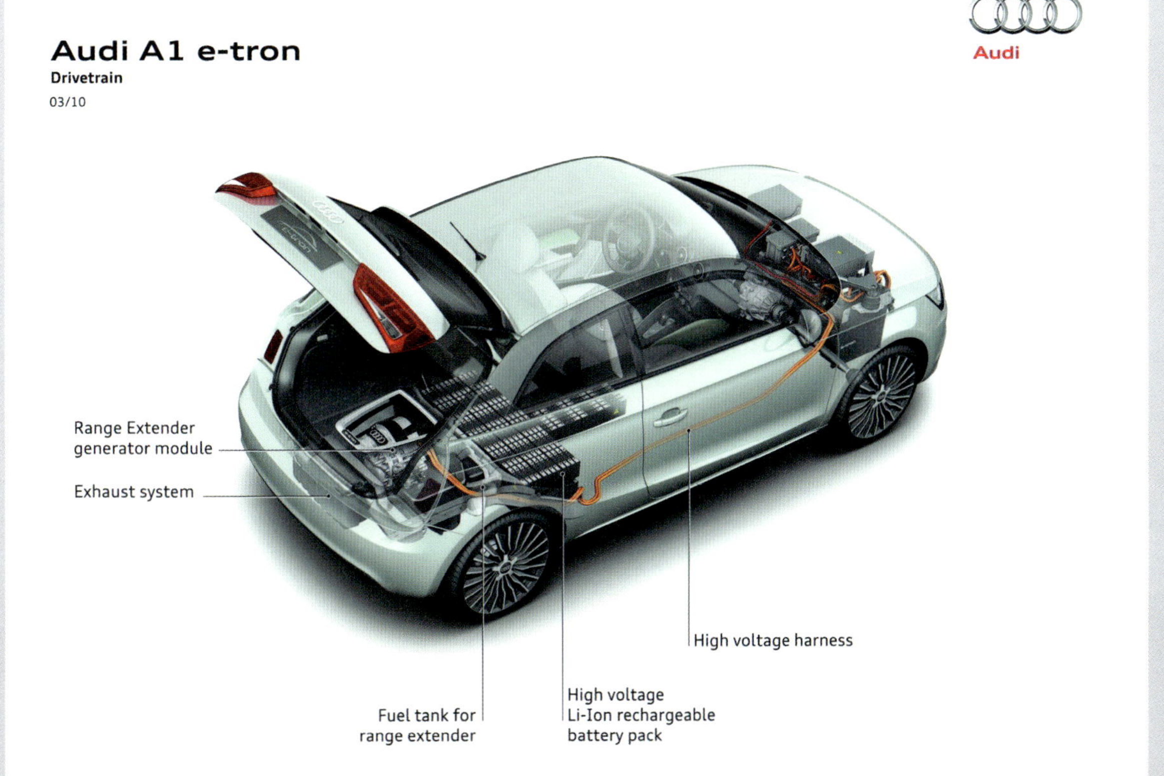

アウディ A1 e-tronの透視図。リチュームイオンバッテリーパックはコンパクトなT字形にまとめられている。

●コスモスポーツ(1967/5～)●

■技術革新のマツダ
日進月歩の自動車工業　みなさまのお役に立つ製品をつくるため
に私達も大いに努力を続けています　おみせするのは　そのごく
一部です　このほか生産部門でも　画期的なシェルモールド鋳造
の成功にみられるごとく　マツダは技術革新に意欲的です
■開発中の新機構

ロータリーエンジン
いままでのエンジンの考え
をすっかり変えた革命的な
エンジンです　従来のエン
ジンにみられる往復運動が
全然なくなった新機構　ロ
スが少なく　まったくのコ
ンパクト　世界注目の中で
ドイツＮＳＵバンケル社と
共同開発中

1963年の第10回全日本自動車ショーで配布されたフォルダーから抜粋したもの。まだコスモの名前は無く、「ロータリーエンジン テスト用試作車」とある。スペックについては記載されていない。

1964年の第11回東京モーターショーで配布されたフォルダーから抜粋したもの。この時はじめて実車が「マツダコスモ」の名前で展示されたが、この資料には「すでに走っている夢のくるま・マツダロータリーピストンエンジンテストカー（参考出品）」とある。展示車両とはホイールキャップ、フロントフェンダーサイドのルーバー形状などが異なる。

《参考出品》
MAZDA COSMO

マツダコスモは、"明日のエンジン"といわれるロータリーピストンエンジンを搭載したスポーツクーペタイプのテストカーです。革命的なこのエンジンは、ＮＳＵ社―バンケル社と技術提携し、東洋工業（マツダ）が独自で開発した、ローター数2、単室容積 500ccのエンジンです。

現在、全国各地を走るロードテストをはじめ、東洋一の規模を誇る総合試験場でテストを繰り返しています。東洋工業（マツダ）は、自信をもって世界に出せるロータリーピストンエンジンを作るため、あらゆる努力をつづけています。

1965年10月に開催された第12回東京モーターショーで配布されたフォルダーから抜粋したもの。はじめて「マツダコスモ」の名前と「ローター数2、単室容積500ccのエンジンです。」と公表し、すでに全国各地でロードテストを実施していると記されている。

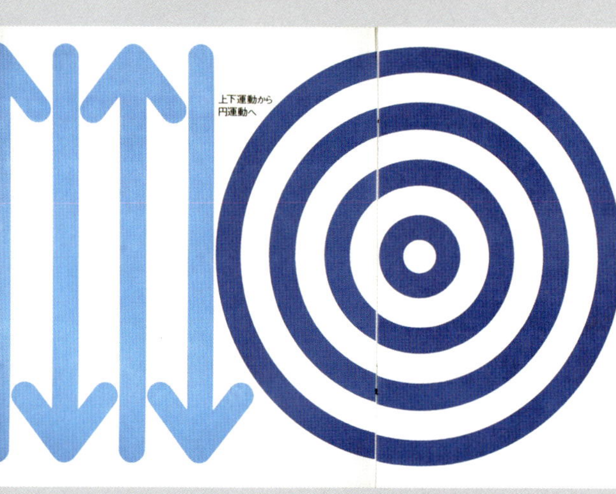

1967年5月発売されたコスモスポーツ最初のカタログ表紙と、最初のページには「上下運動から円運動へ……いまひらく新しい自動車の世界」のコピーとそれを象徴する記号が大きく描かれている。

「世界最初の2ローター《ロータリーエンジン》搭載 コスモスポーツ」の誇らしげなコピーとサイドビュー。リアピラーに大きなベンチレーターが付くなどプロトタイプと細部が異なる。サイズは全長4140mm、全幅1595mm、全高1165mm、ホイールベース2200mm、車両重量940kg、最高速度185km/h、0-400m加速16.3秒。

黒で統一されたコスモスポーツの運転席。当時憧れだったナルディタイプのウッドリムのステアリングホイールにはテレスコピックが採用され、60mmの前後調節が可能であった。3点式シートベルトも標準装備されていた。価格は148.0万円。当時トヨペットクラウンが75.0～122.0万円、同じ5月に発売されたトヨタ2000GTは238.0万円であった。

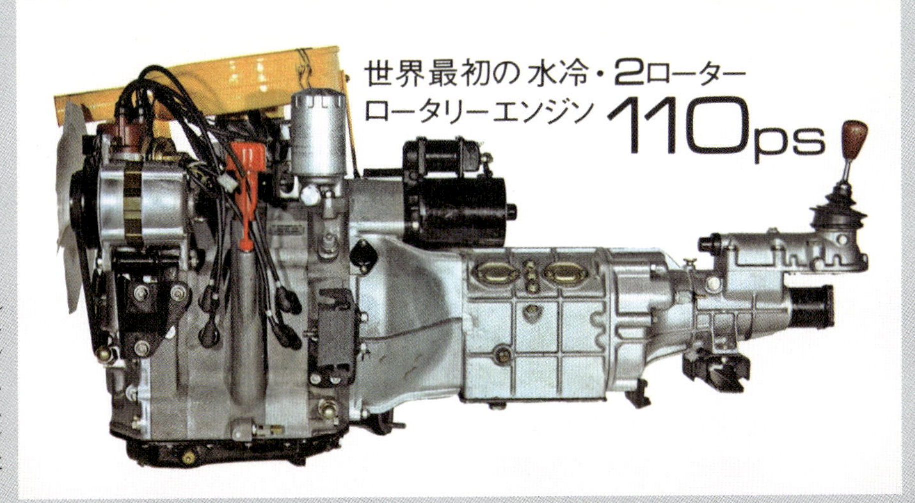

コスモスポーツに搭載された10A型491cc×2ローター110ps/7000rpm、13.3kg-m/3500rpmエンジン。トランスミッションは4速MT。トランスミッションに対してエンジンが非常にコンパクトなことに注目。

マツダ英文総合カタログの110S。コスモスポーツの輸出モデルには110Sの呼称が与えられていた。この個体は国内用で、ボンネットには「110S」ではなく「Cosmo」のオーナメントが付いており、消してあるが僅かに痕跡が残る。今ならあり得ないことだが、時代をものがたりほほえましい。

110Sの輸出用カタログ。1960年代はポップアート開花の時期であり、アンディ・ウォーホル、ジャスパー・ジョーンズ、ロイ・リキテンスタインなどなど、そして、日本の誇る横尾忠則の作品がこれ。「鳥だ！ 飛行機だ！ いや、スーパーカーだ‼」。そう、「スーパーマン」のパロディだ。「乗るというより、飛ぶ感じ」を具現化した元祖スーパーカーであった。

「日出ずる国から海を渡って飛んで行くから、乗ってみて！」という感じだろうか。ちなみに、コスモとはイタリア語で宇宙のこと。REの特徴である小型、軽量、高性能をフルに活かした全高わずか1165mmの宇宙船を思わせるスーパーカーであった。

The 110 S turns your old notions about conventional cars

The 110 S interior is even roomier, even more plush than you'd expect from a car styled along GT lines. Those aren't just words. The fact is, the revolutionary reduction of engine size, and the striking elimination of the clutter of cams, etc., save a lot of space. We've taken the space we've saved under the hood, and we've put it in the car's interior. Step inside, stretch out, have a look:
See: Black cockpit, corner to corner. Sexy. Curved glass side windows for roomy, contoured interiors. Dashboard console of blackened matte stainless steel. Plush-padded reclining bucket seats. Padded dash. Deep-piled, wall-to-wall carpeting. Blue paned windows. An instrument panel that looks like the dash aboard a space satellite! Leather covered gear box with wooden knob and Nardi wooden steering wheel. Safety belt fittings? Of course, the best, the three-point type.

What's going on outside? Have a look at the (ULP!) breathtaking beauty of the 110 S. With unitary structured body for strength and safety. And smoothly contoured styling, long and low flung for beauty and roadability. This is a startling car, in design as well as in engineering. It will earn you envy, it's true. But do dare drive it. See if it doesn't turn out to be your proudest possession . . .

「110Sはあなたのクルマに対する古い概念をひっくり返す」のコピーに与えられたのはコックピットの絵であった。この発想には正直、恐れ入った。全ページ紹介できないのが残念だが、このカタログは日本車カタログの傑作の一つだと思う。

1968年7月、マイナーチェンジを受けニューコスモスポーツとなった。フロントのエアインテークが大きくなり、バンパーにはオーバーライダーが付き、ラジアルタイヤ(155HR15)が採用された。カタログはケースにカードが入るポートフォリオ形式の豪華なもの。

ニューコスモスポーツはホイールベースが150mm長くなり2350mmとなった。しかし、全長は−10mmの4130mm、全幅は−5mmの1590mm、車両重量は+20kgの960kg。エンジンは128ps/7000rpm、14.2kg-m/5000rpmに強化され、最高速度200km/h、0-400m加速15.8秒に達した。

ニューコスモスポーツのコックピット。トランスミッションは4速MTから5速MTに換装された。

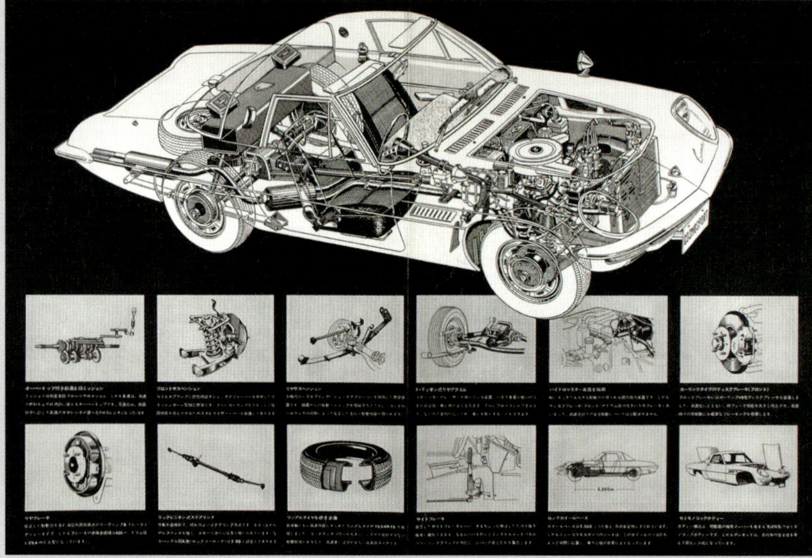

ニューコスモスポーツの透視図。ボディはセミモノコック構造を採用。サスペンションは前輪がウイッシュボーン＋コイルスプリング、後輪は半楕円リーフスプリングにド・ディオンリヤアクスルを備える。ブレーキは前輪がディスク、後輪はドラム。

マイナーチェンジ後の110Sのリーフレット。スペックは国内向けと同じであった。

●ファミリアロータリーシリーズ(1968/7〜)●

1967年の第14回東京モーターショーに登場した、ファミリアロータリークーペのプロトタイプRX-85。

1968年7月発売されたファミリアロータリークーペ。「世界へチャレンジする世界の新車」のコピーどおり、REを広く普及させるための戦略車種であった。そのため同時発売されたファミリア1200クーペと部品の共用化を徹底させ、70.0万円という低価格を実現した。サイズは全長3830mm、全幅1480mm、全高1345mm、ホイールベース2260mm、車両重量805kg、最高速度180km/h、0-400m加速16.4秒という俊足を誇った。

丸型メーターにセンターコンソール、ナルディタイプのウッドリムステアリングホイールが揃い、なかなか魅力的なファミリアロータリークーペの運転席。

R100（ファミリアロータリーの輸出名）クーペの英文カタログ。ロータリーの良さを体感してみてと訴求している。ローターをかたどったエンブレムと丸いテールランプが特徴。駆動方式はFRで、サスペンションは前輪がマクファーソンストラット＋コイルスプリング、後輪はリジッド＋リーフスプリング、ブレーキは前輪がディスク、後輪はドラムであった。

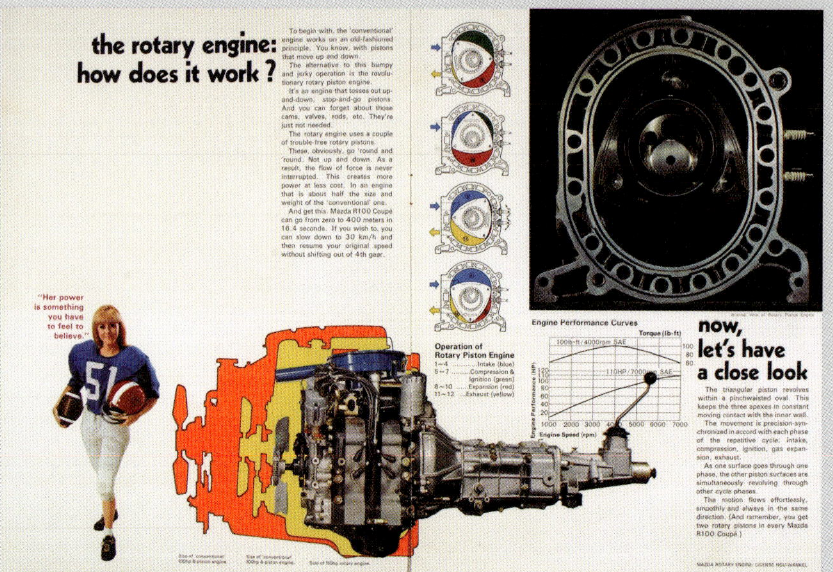

ファミリアロータリークーペに搭載された10A型491cc×2ローター100ps/7000rpm、13.5kg-m/3500rpmエンジン。同程度の出力の4気筒エンジンを黄色、6気筒エンジンをオレンジ色で並べ、REがいかにコンパクトであるかを示している。

1969年7月に追加設定された4ドアセダンのファミリアロータリー SS。全長、全幅、ホイールベースはクーペと同じで、全高が+45mmの1390mm、車両重量は＋20kgの825kgであった。最高速度175km/h、0-400m加速16.8秒とクーペに劣らぬ俊足を誇った。ラジアルタイヤがオプション設定された。クーペと同じ5人乗りで価格は63.8万円。

1969年7月、4ドアセダンと同時に発売されたファミリアロータリークーペE。クーペの普及版で、外観は同じだが内装はセダンに近く、センターコンソール付のインストゥルメントパネルは付かない。価格は66.0万円。

1970年4月、マイナーチェンジを機に呼称が変わったファミリアプレストロータリー。これは4ドアセダンのハイエンドモデルであるTSS。センターコンソールが一体となったT型ダッシュボードが付く。

1970年12月に登場したプレストロータリークーペGS。155SR13のラジアルタイヤが標準装備となった。レザートップはオプション。価格は66.8万円。ほぼ同じ装備のクーペ1300GFは58.9万円であったから、RE車は7万円ほど高かった。

1970年12月登場した普及版のプレストロータリークーペDX。

1972年2月のマイナーチェンジで普及版のプレストロータリークーペはDXからSXに名称が変わった。この頃には主役はレシプロエンジンモデルの1000、1300に移っていた。これは最後のファミリアロータリーとなった。

●ルーチェロータリークーペ(1969/10〜)●

1967年の第14回東京モーターショーに登場した、ルーチェロータリークーペのプロトタイプRX-87。前後のデザインはベルトーネが手掛けた初代ルーチェに似ているが、全くの別物で、マツダ初のFF方式を採っている。生産車では省略される三角窓が付いている。

1969年10月、「ハイウェーの貴公子とよぶにふさわしい高級個性の車です」のコピーとともに発売されたルーチェロータリークーペ。駆動方式はFFで、前輪にはユニークなウイッシュボーン+トーションラバーサスペンションを採用、後輪はセミトレーリングアーム+コイルであった。サイズは全長4585mm、全幅1635mm、全高1385mm、ホイールベース2580mm。車両重量1185kg(デラックス)/1255kg(スーパーデラックス)、最高速度190km/h、0-400m加速16.9秒。価格は145.0万円(デラックス)/175.0万円(スーパーデラックス)。

ルーチェロータリークーペの運転席。ドア後方のボディサイドにはRX-87のオーナメントが付く。スーパーデラックスにはエアコン、パワーウインドー、AMラジオ付きカーステレオなどが標準装備されていた。

マツダミュージアムに展示されている、ルーチェロータリークーペ用13A型655cc×2ローター 126psエンジン。他のモデルに流用されることは無かった。

●カペラロータリーシリーズ(1970/5〜)●

1970年5月発売されたカペラロータリーのキャッチコピーは「70年代に車の主流はロータリー車に変わる！」であった。1973年の石油ショック発生まで、マツダは全モデルへのRE搭載を本気で考えていた証拠であろう。

カペラロータリークーペの美しいプロフィール。これは最上級のグランドスポーツ(GS)で、他にデラックスと標準モデルが用意されていた。12A型573cc×2ローター 120psエンジン+4速MTを積む。全長4150mm、全幅1580mm、全高1395mm、ホイールベース2470mm。車両重量960kg(GS)/950kg(デラックス)、最高速度190km/h、0-400m加速15.7秒。価格は84.5万円(GS)、72.8万円(標準モデル)。

1971年10月、マイナーチェンジで4灯式ヘッドランプが採用され、テールランプは6角形の4連に変わった。これは上級グレードGSで全幅が+15mmの1595mmとなった。価格は87.0万円(GS)、80.0万円(DX)。

1971年10月、セダンも4灯式ヘッドランプになった。これは上級グレードのGRでサイズは全長4210mm、全幅1580mm、全高1435mm、ホイールベース2470mm。車両重量980kg、最高速度185km/h、0-400m加速16.3秒。価格は82.0万円。

カペラロータリークーペの運転席。スピードメーターはフルスケール210km/h。

1971年10月、Gシリーズのクーペ GSとセダンGRに、RE車初の「REマチック」の名前でジヤトコ製3速フルATが設定された。最高速度はMT車にくらべ10km/h低く、価格は5.5万円高かった。

1972年3月、戦列に加わったカペラロータリークーペGS-II。12A型エンジンは120ps/6500rpmから125ps/7000rpmに強化され、トランスミッションは4速MTから5速MTに換装された。価格は92.0万円。

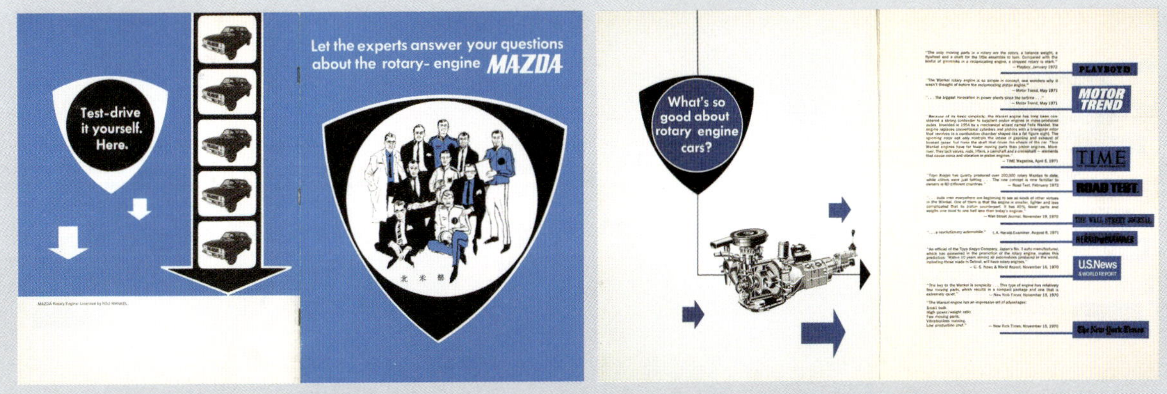

1972年に米国マツダが発行した20ページの冊子。REに興味を持ってショールームにやってきた見込み客に、購入の決心をつけさせるための販売ツール。顧客の疑問に対し、モータートレンド、タイム、ロードテスト、ニューヨークタイムズなど雑誌・新聞に掲載された記事を引用して答え、最後に「Is it a good buy?」の質問に、もちろん「Yes!」の記事を引用して締めている。

マツダRX-2（カペラの輸出名）は米国の「ロードテスト」誌の「1972年インポートカーオブザイヤー」を受賞した。

La cabine de pilotage tout confort du coupé RX-2 offre deux transmissions pour accompagner le puissant moteur rotatif Mazda.

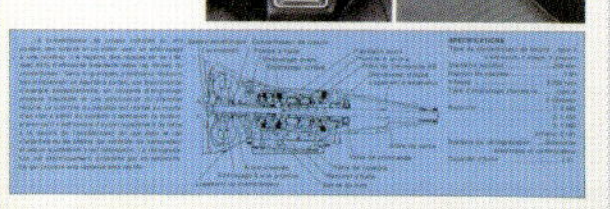

La RX-2 berline vous offre le même remarquable équipement et même davantage.

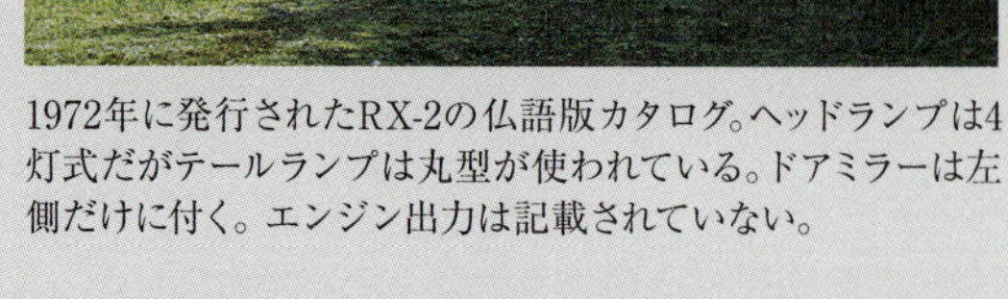

1972年に発行されたRX-2の仏語版カタログ。ヘッドランプは4灯式だがテールランプは丸型が使われている。ドアミラーは左側だけに付く。エンジン出力は記載されていない。

RX-2の英文カタログ。フェンダーミラー、ドアミラーとも付いていないが、クーペのリアフェンダーには「Capella」のオーナメントが付いており、クルマは国内仕様と思われる。

第2世代カペラロータリー（1974/2〜）

1974年2月に発売された、初代のビッグマイナーとも思える、2代目カペラロータリーAP。「……、排出ガス対策は50年規制にも既に合格。胸をはって「マイ・カー！」とお呼びいただけるクルマです。」のコピーは、当時、排出ガス対策が大きな課題であったことを思い出させる。サーマルリアクター（排気ガス再燃焼装置）をベースとした公害対策システムMAZDA REAPS（Mazda Rotary Engine Anti Pollution System）-3を採用している。このクルマは新設されたセダンGR-Ⅱで12A型125psエンジン＋5速MTあるいは3速ATを積む。価格は109.0万円（5速MT）、113.0万円（3速AT）。

1974年2月発売された2代目カペラロータリーAPクーペGS-Ⅱ。エンジンは12A型125psだが、5速MTに加え3速AT車も設定された。セダン、クーペとも全長4260mm、全幅1580mmに全車統一された。全高はセダン1420mm、クーペ1375mmとなった。価格は114.0万円（5速MT）、118.0万円（3速AT）。

2代目カペラロータリーAPクーペGS-Ⅱの運転席。内装はカラーインテリアと称したグリーン系の統一された色彩でまとめられている。右の後ろ姿はクーペGSで120psエンジン＋4速MTを積む。GSの価格は104.0万円であった。

カペラロータリー APセダンGR-Ⅱの透視図。駆動方式はFRで、サスペンションは前輪がマクファーソンストラット＋コイルスプリング、後輪はリジッドアクスル＋4リンク・ラテラルロッド＋コイルスプリング。イラストではホワイトリボンタイヤを履いているが、カタログには「タイヤ供給事情から、業界の申し合わせによりホワイトリボンタイヤは廃止し、全機種ともブラックタイヤに変更しております。」とある。

1974年11月、マイナーチェンジで公害対策システムREAPS-3をREAPS-4に進化させ、1974年2月時点のREAPS-3にくらべ約20%の省燃費を達成したカペラAP（モデル名にロータリーが付かなくなった）。

高性能はそのままに
燃費がさらに良くなった
新型カペラAP

51 合格 カペラAP カペラ1800AP カペラ1600AP

mazda

1975年10月、マイナーチェンジで排気系に熱交換器を追加したREAPS-5に換装し、昭和51年排出ガス規制に適合すると同時に、燃費は1974年2月時点の50年規制適合車にくらべ約40%向上したカペラAP。エンジンは12A型125psに統一された。価格はクーペGS（4速MT）が110.4万円。

お約束の「燃費改善」をなしとげました。
51年規制にも合格しています。
低公害車ならマツダ！ですよね。

MAZDA AP

マツダAPのメカニズムをご紹介します。

マツダの公害対策システムは「マツダAP」といいます。そのメカニズムはロータリーもレシプロも基本的には同じサーマルリアクター方式です。エンジンから出てきたばかりの熱い排気ガスに新しい空気を与えて燃焼を継続させるだけの簡単な構造です。そのために、排気ガスの出口には内部が空洞のサーマルリアクター（熱反応器）がついています。燃え残りのガス（一酸化炭素:COや炭化水素:HC）のために、落ちついて燃え続けるための場所と、必要な空気を与えてやる、ただそれだけのことなのです。ですからエンジンの構造もガソリンの燃え方も、これまでと同じ。相変らずの高性能を発揮でき、日常の点検・整備も簡単で耐久性の心配もまったくありません。

①吸入 ②圧縮 ③爆発 ④排気 ⑤再燃焼

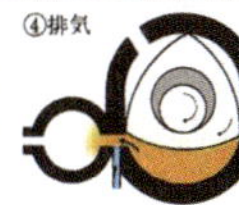
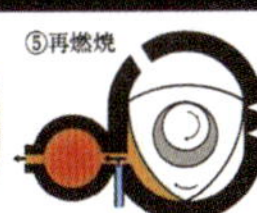

ロータリーのAPはREAPS（リープス）です。

ロータリーエンジン（RE）のAPシステム（System）を略してREAPSです。COとHCはサーマルリアクターの中で無害化します。51年規制で厳しさを増した窒素酸化物（NO_x）の対策には、ほとんど何もしません。ロータリーはもともとNO_xが少ないのです。最近では、低公害車3年の経験を生かして、燃費や性能を一層よくする努力をしています。新しいカペラのロータリーエンジンは、サーマルリアクターから出てくる熱を再燃焼用の空気に与えて吹きこませます。排気ガスが冷えないので、小さな炎でも燃え続けられるようになりました。つまり、エンジンに送りこむガソリンの量をそれだけ少なくできたのです。その他にも燃焼室の形や点火タイミングなど、細部の改良を重ねて、お約束の燃費改善をなしとげました。

1975年10月発行されたカタログには、「お約束の「燃費改善」をなしとげました。」のコピーを付けて、REAPS-5の説明をしている。排気系に熱交換器を取り付けて、サーマルリアクターで発生した熱を排気ポートに加熱2次エアとして流して反応効率を高め、ガソリン供給量を減らし、そのほかの改良も加えている。

Mazda Rx2

Smoother mover

Rx2 Sedan/Coupe

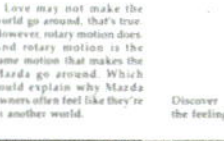

1974年型米国仕様RX-2（カペラの輸出名）のカタログ。フロント部分は初代、テール部分は2代目というミックスデザインを採用している。衝突安全基準をクリアするため無粋なバンパーを備える。エンジン出力は記載されていない。

●サバンナ(1971/9〜)●

1971年9月発売されたロータリースペシャリティ「直感、サバンナ。」。要は、見る人の直感に期待し、乗ってサバンナの良さを実感してほしいという作戦。10A型491cc×2ローター 105psエンジン+4速MTを積む。サイズは全長4065mm、全幅1595mm、全高1350mm、ホイールベース2310mm。車両重量875kg、最高速度180km/h、0-400m加速16.4秒。価格は75.0万円(GSⅡ)、70.0万円(GS)、67.0万円(SX)、60.0万円(スタンダード)。このクルマはサバンナクーペGSⅡ。

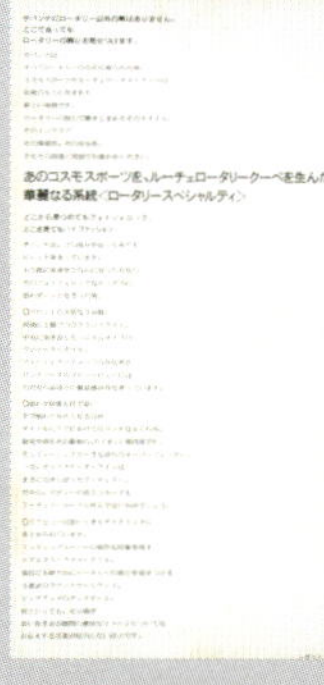

サバンナのフロントビュー。大胆な3分割で、中央に突き出したハニカムタイプのラジエーターグリルが精悍な印象を与える。このクルマはサバンナクーペGSⅡ。レザートップはオプションであった。クーペには他にGS、SXと標準車が設定されていた。

サバンナのリアビュー。リアピラー後端に付けられたルーバー、オーバーフェンダー、ダックテールなどでスポーティな雰囲気を出している。なお、レシプロエンジンを搭載したモデルは、前後の意匠を変えてグランドファミリアの名前で販売された。

サバンナクーペGSⅡの運転席。黒で統一され、フルスケール8000rpmのタコメーターと200km/hのスピードメーターを備える。カークーラーはオプションであった。

サバンナ4ドアGR。エンジン、トランスミッションはクーペと同じ。サイズは全高が＋25mmの1375mmを除きクーペと同じ。車両重量870kg、最高速度175km/h、0-400m加速16.8秒。4ドアには他にRXと標準車が設定されていた。価格は70.0万円(GR)、67.0万円(RX)、60.0万円(スタンダード)。

1972年1月に発売された、REを積んだ世界初の乗用ワゴン、サバンナスポーツワゴン。クーペ、4ドアと同じ10A型105psエンジン＋4速MTを積む。ファイナルギア比も同じ。サイズは全長4085mm、全幅1595mm、全高1405mm、ホイールベース2310mm。車両重量905kg、最高速度170km/h、0-400m加速17.0秒。価格は73.0万円。

1972年9月に追加設定されたサバンナGT。10A型より排気量の大きな12A型120psエンジン＋5速MTを積み、0－400m加速15.6秒、最高速度190km/hに達した。価格は79.5万円。この月にマツダはRE車生産累計30万台を達成している。

サバンナGTの運転席とリアビュー。中央にある時計、燃料計、電流計、水温計が丸型に変更され、テールランプ周りのデザインも変更された。同時にGT以外のモデルも同様の変更を受けている。

サバンナGTの12A型573cc×2ローター、120ps/6500rpm、16.0kg-m/3500rpmエンジン。

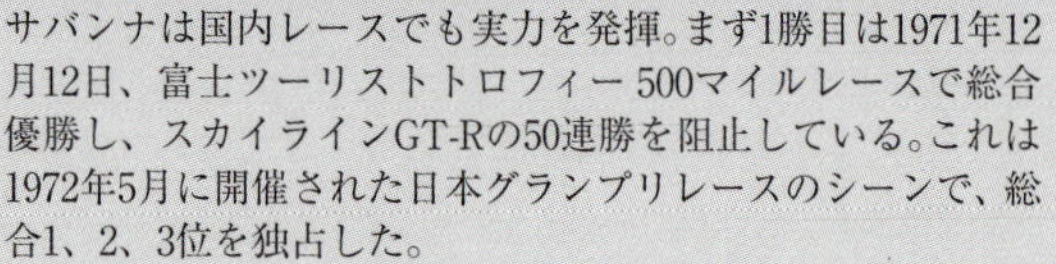

サバンナは国内レースでも実力を発揮。まず1勝目は1971年12月12日、富士ツーリストトロフィー500マイルレースで総合優勝し、スカイラインGT-Rの50連勝を阻止している。これは1972年5月に開催された日本グランプリレースのシーンで、総合1、2、3位を独占した。

サバンナには早くからチューンナップキットが用意されていた。これは12A型ペリフェラルポート（吸・排気とも）エンジンのチューンナップキットカタログ。オーバーラップが大きく、高回転時に吸入効率が高いペリフェラルポート方式はレーシングエンジンに適していた。

米国向けマツダRX-3（サバンナの輸出名）のカタログ。クーペ、セダン、ステーションワゴンがラインナップされ、12A型エンジン＋4速MTを搭載している。

Mazda RX-3

Amazing.
A few years ago,
you could only buy one or two rotary engine cars.
Now you can zip down the highway in a full variety.

The RX-3 "Rotary Wagon" packs performance.

We put the go in wagon.

You get the world's first wagon with a rotary engine.

Amazingly quiet and powerful, it levels mountains.

Makes shopping trips seem shorter. You can even take it out for a night on the town. Its value is its versatility.

You get high back front bucket seats that recline. And the back seat flips flat. You can pack more in that way. Look for the side pocket in the back. That is a little extra to give you extra room.

And along with thick door-to-door carpeting, you get a rich carpet on the rear deck.

And five doors make it easy to load and unload. The big tail gate lifts up with one touch. And wherever the gate stops, it stays open, because it is counter-balanced. You can load it with one arm full of groceries.

And it sports a simulated wood grained look. You look good coming and going.

Der Welterfolg MAZDA RX-3 mit dem 450 000mal bewährten Mazda-Rotary

Die Mazda-Version des Wankel-Motors in NSU-Wankel-Lizenz

Mazda RX-3 – das ist der Fortschritt, der Griff in die Zukunft des Automobilbaus. 450 000mal bewährt.
Durch den "Mazda-Rotary", die Mazda-Version der genialen Erfindung von Prof. Wankel.
Die erste Testfahrt wird Sie überzeugen: Der "Mazda-Rotary" macht das Autofahren zum erstaunlichen, vollkommen neuen Erlebnis.

*) Die Mazda RX-3 Limousine ist in Deutschland zur Zeit nicht lieferbar.

Der Mazda-Kreiskolbenmotor ist problemloser, ruhiger, kraftvoller und leistungsfähiger als alles, was Sie bisher in dieser Klasse gefahren haben.
Sie werden erleben, daß dieses Triebwerk nicht nur extrem leise, sondern auch einmalig vibrationsfrei arbeitet.
Und das sagt schon einiges.
Der RX-3 bietet Ihnen jedoch nicht nur ungewöhnliche Fahrleistung: Seine Bremskraft steht dem in nichts nach.

Ein hydraulisches Zweikreis-Bremssystem mit Bremskraftverstärker wirkt auf die Scheibenbremsen vorn und die Trommeln hinten. Sicherheit in jeder Situation.
Viel Bein-, Schulter- und Kopffreiheit innen entsprechen einem breiten, sicheren Fahrwerk.
Die Innenausstattung ist so, wie Sie es sich immer erträumt haben. Mit allen Extras, ohne Aufpreis.
Mazda RX-3. Der Wagen mit dem Kreiskolbenmotor.

ドイツ語版RX-3のカタログ。クーペとリムジン（セダン）が設定されており、エンジンは12A型95 DIN-PS/6000rpm、13.8kg-m/4000rpm。トランスミッションは、カタログ写真のシフトノブは4速だが、仕様表では国内向けGTと同じギア比の5速MTを積む。

Das Triebwerk der Zukunft: Keine Kolben, keine Zylinder, keine Kipphebel, keine Ventile, keine Nockenwelle. Der "Mazda-Rotary".

Sicherlich haben Sie bisher nur Fahrzeuge mit Hubkolben-Motoren gefahren.
Bis heute – denn Sie hatten kaum eine andere Wahl.
Jetzt aber gibt es den Mazda RX-3. Den Wagen mit dem Kreiskolben-Motor.
Das RX-3-Triebwerk ist anders als alles, was Sie bisher kannten.
Zuerst einmal: Der Mazda RX-3-Kreiskolben-Motor hat vieles nicht, was bei herkömmlichen Hubkolben-Motoren Reparaturen und Wartung verursacht – Kolben, Zylinder, Kipphebel, Ventile und Nockenwelle gibt es nicht. Der Mazda RX-3-Rotary hat zwei dreieckige Rotoren mit konvexen Seiten, die sich in einem gekühlten Rotorgehäuse drehen.
In ständiger, kreisförmiger Kraftentfaltung – turbinenhaft weich bei jeder Geschwindigkeit.
Und weil wir die Auf- und Abbewegung im Motor abschafften, schafften wir automatisch auch einige andere Dinge ab.
Zum Beispiel alle Geräusche, die die überflüssig gewordenen Teile verursachten.
Und die Vibrationen, die beim herkömmlichen Motor die ganze Karosserie erschüttern ließen.
Und obwohl die Mazda-Kreiskolbenmaschine kleiner und leichter ist, bietet sie dennoch mehr Leistung. Und: Sie hat eine Abgasentgiftungsanlage, die mit Wärmereaktor arbeitet. Ergebnis: Nahezu 100%ige Schadstoff-Freiheit. Das einzige Automobil, das heute bereits die ab 1975 geltenden verschärften Umweltschutz-Vorschriften der USA erfüllen konnte.
Sie bekommen also nicht einfach ein ruhigeres und weicher arbeitendes Triebwerk in Ihrem Mazda RX-3.
Sie bekommen den leisesten, weichsten und spritzigsten Motor, den Sie je gefahren haben.
Den umweltfreundlichen "Mazda-Rotary", den Kreiskolben-Motor mit Zukunft.

MAZDA ROTARY ENGINE LICENSED BY NSU/WANKEL

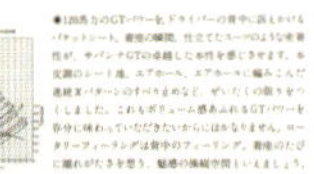

1973年6月、マイナーチェンジで前後のデザインが変更を受けた。これはGTでエンジンは12A型120psだが、サーマルリアクターは搭載していない。サバンナAP GTの登場は1973年11月まで待たねばならなかった。「新開発の超偏平Z70タイヤ。」のコピーが時代を物語っている。価格は81.5万円。

1973年6月、マイナーチェンジを受けフロント部に小変更を受けたサバンナスポーツワゴン。10A型105psエンジン＋4速MTを積むが、公害対策システムREAPS-2を搭載した12A型120ps＋3速ATを積んだサバンナAP仕様も発売された。このワゴンは米国「ロードテスト」誌の「1973年インポートカーオブザイヤー」を受賞している。AP仕様の価格は86.8万円であった。

1974年11月発行されたカタログ。1973年11月に昭和50年排出ガス規制に適合したサバンナAPが発売されたが、公害対策システムをさらに進化させてREAPS-4とし、実用燃費で平均20％の燃費向上を果たした。1973年以降エンジンはGTに12A型125ps、その他のモデルには12A型120psが搭載されている。

1975年10月、公害対策システムをREAPS-5に進化させ、昭和51年排出ガス規制に適合したサバンナAP。同時に燃費を1974年初期のモデルに対し約40％改善している。この時点でエンジンは12A型125ps一本に統一された。写真はGTで価格は104.9万円であった。

1975年10月時点のサバンナAPクーペGTの運転席。黒で統一された内装で、ステアリングホイールがワイヤスポークタイプに変更された。

Mazda RX-3.

The economically-priced rotary car. With remarkably improved gas mileage.

A small car doesn't have to be just small. It can be a trim package of big car virtues. Like power and response. Comfort. Pleasing appointments. A choice of body styles.

The Mazda RX-3 for 1976 is all these things.

For power and response, there's the RX-3 rotary engine. Smooth and quiet, with astonishing acceleration. So thrifty, the 5-speed stick shift RX-3 gets 30 miles per gallon on the highway, 19 in the city, according to the EPA. (*Remember,* these figures are *estimates.* The actual mileage *you* get will vary with the type of driving you do, your driving habits, your car's condition, and the optional equipment you choose, such as air conditioning and automatic transmission. 5-speed transmission is standard in certain states, optional in others. Mileage slightly lower in California.)

米国マツダ発行の1976年型RX-3のカタログ。クーペとワゴンの設定があり、12A型エンジンはネット値で95ps/6000rpm、14.1kg-m/4000rpm、トランスミッションは4速/5速MT、3速ATの3機種が用意されていた。

The affordable performance car.

Remarkably quick and quiet. Yet it's Mazda's lowest-priced rotary-engine car. And it takes you quite a ways on a tank of gas: 28 mpg (highway), 19 mpg (city), by EPA estimates.*

Every RX-3 SP comes loaded. With standard stuff like 5-speed stick shift, steel-belted radials, power-assisted front disc brakes, reclining bucket seats, carpeting, a tach, and sport-type soft steering wheel. (Radios shown are optional.)

For the sporting crowd, look what's in our optional "ultimate appearance" package: Air dam. Louvered quarter windows. Rear-window louvers and spoiler. "Lightning" striping is still another racy touch.

So the RX-3 SP looks as fast as it is. And, with rotary power, runs as fast as it looks.

*EPA estimates with 5-speed transmission. The actual mileage you get may vary depending on how and where you drive, your car's condition and optional equipment. California 29 mpg (highway), 18 mpg (city).

米国マツダ発行の1978年型RX-3のカタログ。設定モデルはRX-3 SPクーペのみとなり、ワゴンは落とされている。12A型エンジン+5速MTが標準で、3速ATがオプション設定されている。「ultimate appearance：究極の外観」パッケージと称するオプションで、下の写真のようなエアダム、クォーターウインドー用ルーバー、スポイラーなどでカスタマイズできた。

●ルーチェ（ロータリー）シリーズ(1972/11～)●

第2世代ルーチェ /ルーチェ AP(1972/11～)

1972年11月、ロータリーエンジンを搭載して登場した2代目ルーチェ。左から(4ドア)セダン、ハードトップ、(4ドアセダン)カスタム。サイズは全長4240～ 4325mm、全幅1660～ 1675mm、全高1380mm(ハードトップ)、1410mm、ホイールベース2510mm。車両重量1005～ 1040kg、最高速度175～ 190km/h、0-400m加速15.8～ 18.0秒。価格は73.25～ 109.5万円。レシプロエンジン車の発売は5ヵ月後の1973年4月であった。

2代目ルーチェのリアビュー。左はハードトップ、右はセダンでカスタムも同じデザインであった。

ハードトップGS IIの「パノラマコクピット」と称する運転席。ハードトップGSとカスタムにも同じデザインを採用、ハードトップSXとセダンには一体型センターコンソールが無い角型メーターのものが付いた。

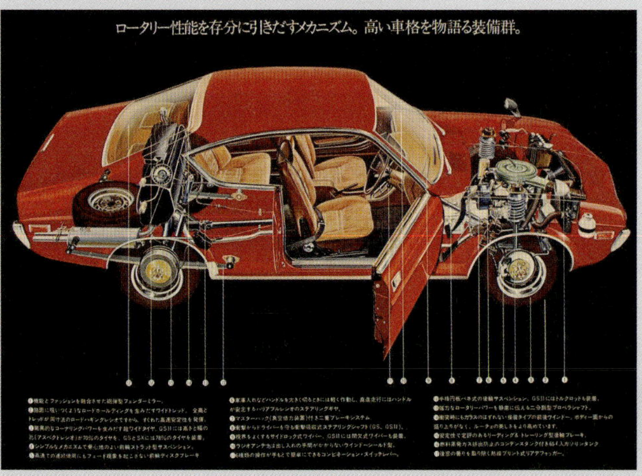

ルーチェハードトップの透視図。駆動方式はFRで、サスペンションは前輪がマクファーソンストラット＋コイルスプリング、後輪はリジッドアクスル＋リーフスプリングでGS IIにはトルクロッドが追加されていた。

2代目ルーチェに搭載された12A型573cc×2ローターエンジンと3速ATユニット。これはAP仕様ではなく130psと120psが設定されていた。トランスミッションはREマチックと称する3速ATのほかに、5速MT、4速MTが用意されていた。

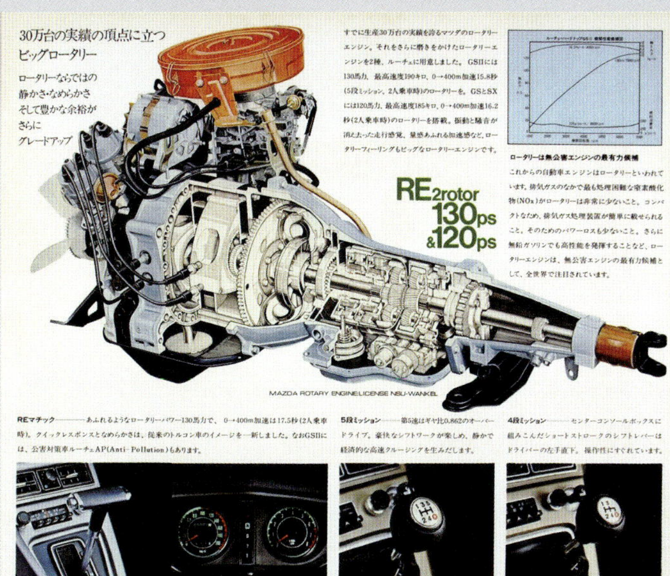

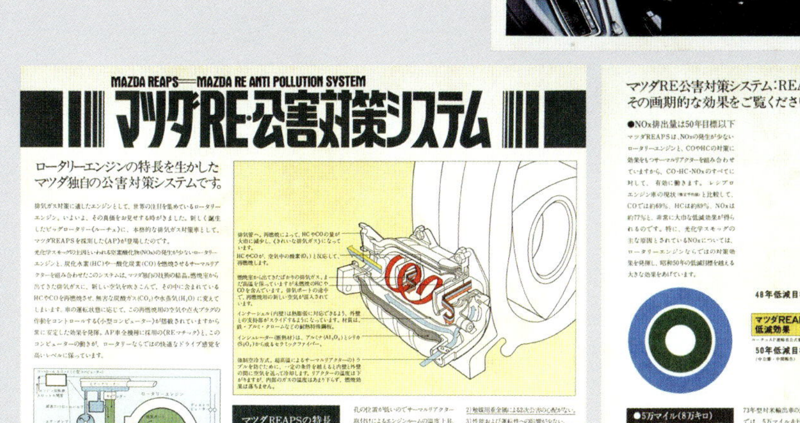

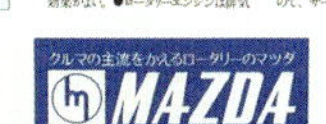

1972年11月、わが国の低公害車1号となったルーチェ APに採用された、サーマルリアクター（排気ガス再燃焼装置)をベースとした公害対策システムREAPS-1を解説するシート。この時点でNOx(窒素酸化物)は昭和50年低減目標をクリアするが、CO(一酸化炭素)、HC（炭化水素）は未達であった。REAPS-1からアペックスシールはカーボンから金属製に変更されている。AP仕様は、これが付かない仕様にくらべ9.5万円高であった。

1973年6月、「『技術的に困難』と、世界の自動車メーカーを嘆かせた昭和50年の排出ガス低減目標を、ルーチェAPは、いま超えます。」のコピーを掲げたルーチェ APは、公害対策システムをREAPS-2に進化させ、昭和50年排出ガス低減目標に適合し、低公害車優遇税制の適用第1号となった。これはハードトップGSⅡ。12A型125psおよび115psから120psにパワーアップされたエンジンの2機種が設定されていた。

低公害車には減税を…。
クルマを愛する人々の願いが国にも認められました。
ルーチェAPは<低公害車優遇税制>の適用を受けた第1号車です。

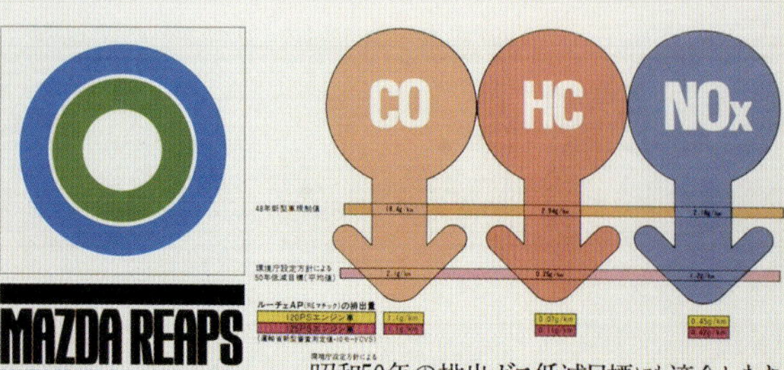

MAZDA REAPS
MAZDA RE ANTI POLLUTION SYSTEM

昭和50年の排出ガス低減目標にも適合します。

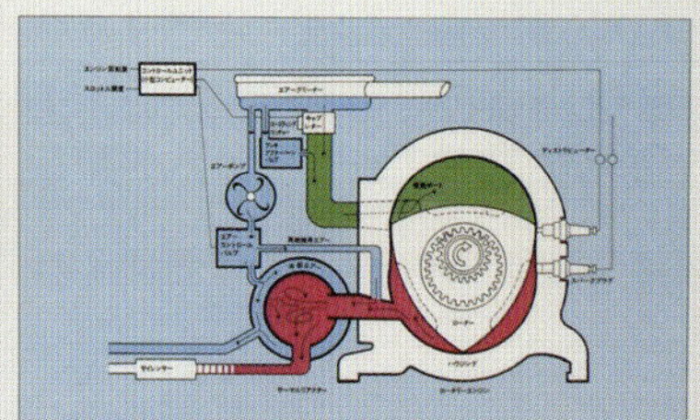

1973年6月発行のカタログに載ったREAPS-2の解説。昭和50年規制は1974（昭和49）年1月21日に告示され、実施は1975年4月1日であったから、マツダは2年近く先取りしていたことになる。

新開発、13B型ロータリーエンジン搭載。
優遇税制の適用を受ける低公害車です。

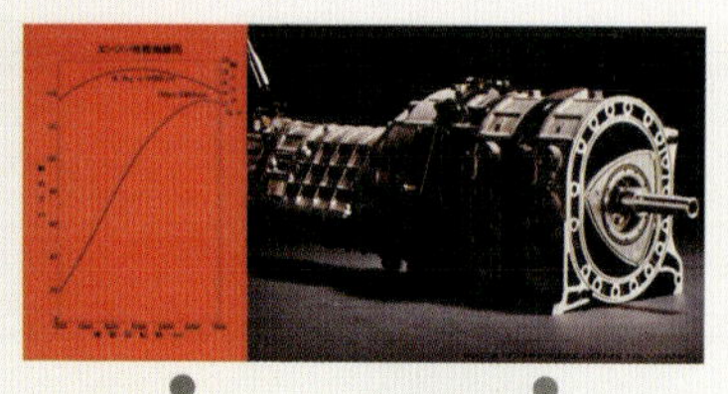

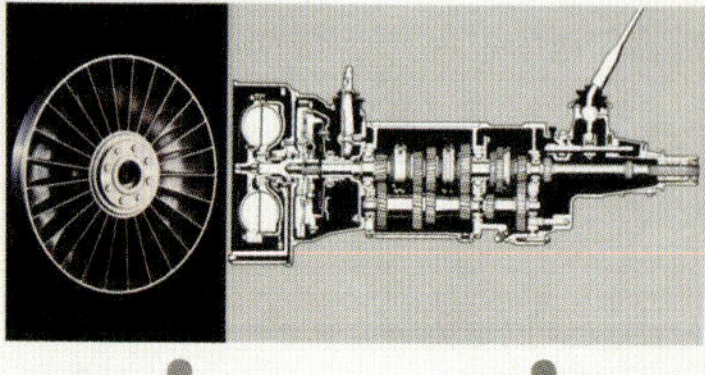

MAZDA ROTARY ENGINE ANTI POLLUTION SYSTEM・MAZDA REAPS

ルーチェ APグランツーリスモおよびワゴンに搭載の13B型エンジン、5速MT、REAPS-3の解説ページ。5速MTのエンジンとクラッチの間に「トルクグライド」と称する流体カップリングを装着して運転操作を楽にする仕掛けが付いていた。AT並みにトランスミッションの出力軸を機械的にロックする「P」レンジも付いている。

1973年12月に追加設定されたルーチェ APグランツーリスモ。4ドア版も設定された。新型の13B型654cc×2ローター、135psエンジン+5速MTを積み、ハードトップの最高速度195km/h、0-400m加速15.8秒。価格は130.0万円。同時に追加発売されたワゴンも13B型135psエンジン+「トルクグライド」付5速MTを積み、価格は121.0万円。他のルーチェのエンジンは12A型125psに統一され、120ps仕様は廃止された。

グランツーリスモ。性能と快適さの素晴しい調和。
"ビッグロータリー"ルーチェの、ひときわ輝く頂点です。

hardtop

1974年11月に発行されたカタログ。既に昭和50年排出ガス規制に適合していたが、公害対策システムをさらに進化させてREAPS-4とし、実用燃費で平均20%の燃費向上を果たした。この時点でグランツーリスモとワゴンにも3速AT仕様が設定された。

1973年に発行された英国、豪州その他右ハンドル地域向けRX-4（ルーチェの輸出名）英文カタログ。ハードトップとセダンの設定があり、エンジンは12A型だが出力の記載は無い。トランスミッションは4速MTおよび3速ATが設定されている。

1974年型北米向けRX-4セダンのカタログ。衝突安全基準をクリアするため、セダンとワゴンにはハードトップとは異なり無粋なバンパーが付く。

Mazda Rx4

Introducing the flagship of the Mazda line. The all new Mazda Rx4. Longer, wider, sleeker. Equipped with a more powerful Mazda Rotary Engine. Yet the Rx4 is still the smaller, economy-sized automobile most Americans prefer today.

The Rx4 Hardtop. Here's a car with the comfort of a big luxury sedan. Rich interior. Relaxing ride. Famous Rotary Engine performance. Yet... the handling is nimble. The parking simplified. The operating costs low.

A beautiful balance between economy, size, luxury and performance.

The Rx4 Wagon. The right-sized station wagon. Convenient around town, comfortable on the highway. With room to carry more – and the extra power to carry it. Fully carpeted cargo area. One-touch fold down rear seat. Rear window defroster. Full tinted glass. Radial-ply tires. Just add the family. And go.

The Rx4 Sedan. Threads nimbly through traffic. Parks easily. Yet the Rx4 Sedan seats four adults in luxurious comfort. Plush velour-styled upholstery. Deep cut-pile carpeting. Plus a Rotary Engine that combines good performance with good economy.

Discover the feeling.

米国マツダ発行の1974年型RX-4（ルーチェの輸出名）のカタログ。ハードトップ、セダン、ワゴンが設定されており、エンジンは13B型を積む。ハードトップのバンパーについた巨大なオーバーライダーに注目。

Mazda Owners: 17.5 mpg
Actual experience with city, highway gas mileage

Tests are important in evaluating a car. But there is one factor which outweighs everything else.

The bottom line is how the people who drive the car rate its performance and overall quality.

In October, 1973, Mazda conducted an Owners Survey covering a wide variety of subjects, including gas mileage.

A total of 32,539 Mazda owners responded to the question: "Generally, what is your usual gas mileage?"

Among Mazda owners with 10,000 or more miles on their car—many equipped with automatic transmission, air conditioner, or both—the reported average was 17.54 mpg. Among those with less than 10,000 miles the figure was 16.84 mpg.

The survey was taken before the new speed laws went into effect. With speed limits of 55 mph, we believe the averages would be even higher.

A more detailed study by an independent research firm (see below) provides more of an insight into Mazda owners' driving and fuel economy experiences.

J. D. Power Survey: 17-20 mpg
Independent study of Mazda owners reveals more data

Mazda owners revealed still more gas mileage information in an independent survey.

Eleven of the 15 leading automobile manufacturers subscribed to a study of rotary engine performance, economy and owner satisfaction. J. D. Power and Associates, an independent research firm, conducted the study.

In November, 1973, questionnaires were sent to 2,000 owners of the RX-2 and RX-3.

Among those responding, the median reported mileage was 17 mpg in the city, 20 mpg on the highway. By comparison, according to 1973 independent test results, about 25 percent of all new cars sold in the U.S. get 17 mpg or more.

In their report, the Power firm described the consumer survey technique as one of the best ways to measure the operating characteristics of an automobile.

Other information derived from the survey shows that even after two years of operating the car, nine out of ten owners would recommend their Mazda to a friend. In the automotive industry this is considered an extremely high degree of owner loyalty.

Miles Per Gallon
20
15
10
5
0
RX-3 City 17.6 mpg
RX-3 Hwy 20.0 mpg
RX-2 City 17.3 mpg
RX-2 Hwy 19.6 mpg

1974年、米国EPA（Environmental Protection Agency：環境保護局）の年頭記者会見で、RE車の燃費は悪いとねつ造した燃費の数値を発表、新聞、ラジオ、テレビで流されマツダの米国販売は大打撃を受けた。このときEPAと交渉の結果、正式な燃費テスト方法が確立されたと言われる。これは1974年に米国マツダが燃費に対する誤解を解くため急遽発行した「Rotary Gas Mileage：ロータリーの燃費」と題する冊子。調査機関、メディア、オーナー等による実測値を記載、同時に燃費良く運転するためのヒントも記されている。

走る素晴しさをそのままに燃費改善、51年規制合格。

姿は豊かに印象深く。そして、さらに改善された燃費、卓越した低公害性、安全性、走りの素晴しさと余裕など内面の新型情報も、豊富です。

51年規制合格、燃費改善の新ロータリー。

優れた低公害性と高性能をもたらす、好燃費です。125馬力で、リッター14km。135馬力で、リッター13km。（いずれも5速車60km/h 定地走行テスト値。）

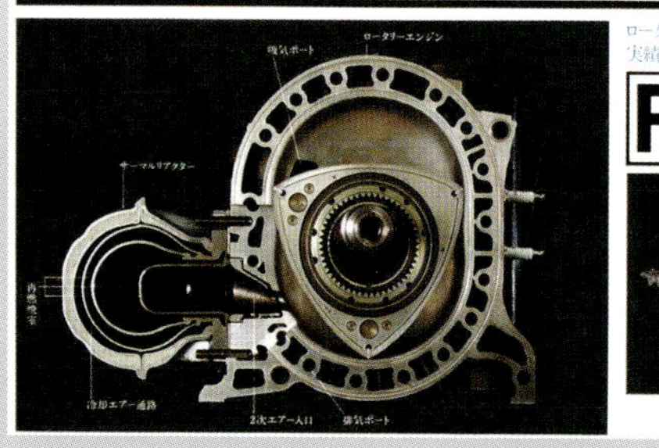

ロータリーの低公害システム リープスは実績3年のサーマルリアクター方式。

REAPS

1975年10月、マイナーチェンジで前後のデザインが変更されたルーチェ。エンジンはグランツーリスモとワゴンには13B型135ps、その他のハードトップ、カスタム（4ドアセダン）には12A型125psが積まれた。

1975年10月、マイナーチェンジと同時に公害対策システムをREAPS-5に進化させ、昭和51年排出ガス規制に適合させている。同時に1974年初期モデル（REAPS-3）にくらべ燃費を約40％向上させている。

1975年10月にマイナーチェンジしたルーチェAPワゴンGR II。グランツーリスモと同じ13B型135psエンジンと「トルクグライド」付5速MTか、3速ATが選択できた。

Move up to the RX-4, Mazda's full line of luxury performance cars. With remarkably improved gas mileage.

You don't have to give up performance, luxury and power when you move to a smaller car.

Not when you move up to Mazda's new RX-4.

It's all here. A new luxury look outside. Plush comfort and convenience inside. Quick, exhilarating rotary power under the hood. A sporty, economical 5-speed shift (standard in certain states, optional in others).

Look at the RX-4 Hardtop, for example. Sleek lines. Bright trim. Steel belted white-line radial tires. Front power-assisted disc brakes. And good gas mileage. EPA mileage figures for 5-speed manual transmission: 29 on the highway, 18 in the city. (*Remember,* these figures are *estimates.* The actual mileage *you* get will vary with the type of driving you do, your driving habits, your car's condition, and the optional equipment you choose, such as air conditioning and automatic transmission. Mileage slightly lower in California).

Inside the RX-4 cockpit, there's luxury you can see and feel. The wraparound dash is fully instrumented, including tachometer and electric clock. Controls for the new split-level heating and ventilating system let you dial your own weather, head to toe. The impressive overhead console contains a warning light system that monitors door and seatbelt function, and even tells you when you're low on gas.

And there's *room* in this handsome cockpit. 41 inches of leg room, 37 inches of head room, 50 inches of shoulder room. The reclining front bucket seats with integral headrests are upholstered in your choice of soft vinyl or rich velour.

So don't give up performance and luxury when you move to a small car. Move up to the Mazda RX-4.

米国マツダ発行の1976年型RX-4のカタログ。ハードトップ、セダン、ワゴンの3車種があり、13B型110ps(ネット)エンジン+5速MTまたは3速ATが選択できた。

第3世代ルーチェレガート(1977/10～ 1978/6)、ルーチェ (1978/7～)

1977年10月にルーチェレガートの名前で登場した3代目ルーチェ。エンジンは2代目と同じ13B型と12A型が継続使用された。5速MTの流体カップリングは廃止された。サイズは全長が300mmほど長くなり4555～4625mm、全幅は15mmほど広い1690mm、ホイールベースは100mm延長され2610mmとなった。車両重量は125～195kg重くなり1130～1235kg。1978年7月にレガートの名称は外され、エンジンは5ps強化された13B型140psのみの設定となった。公害対策システムREAPS-7の採用で昭和53年排出ガス規制に適合した。価格はピラードハードトップが119.5～199.5万円、セダンは113.0～154.0万円。

ルーチェレガートのリアビュー。3代目ルーチェの特徴であるピラードハードトップは、Bピラーを残し、ドアをサッシレスとしたものであった。他に4ドアセダンもラインナップされていたが1978年7月に落とされている。

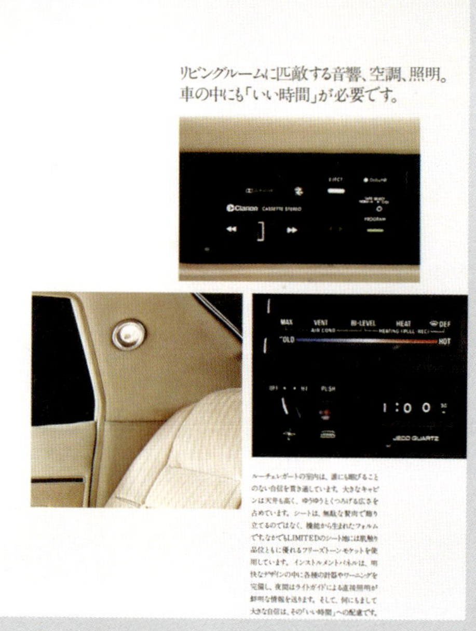

ボクシーな外観に合わせたルーチェレガートの運転席。「静かなる、くつろぎのサルーン。」のコピーと共に、ステアリングホイールを含め、落ち着いたドレッシーなものに変身した。

1979年10月、マイナーチェンジで縦4つ目から平凡な変形角型ヘッドランプに変更された3代目ルーチェ。全長はさらに伸びて4665mmとなった。エンジンはサーマルリアクター方式をやめ、希薄燃焼方式13B型140ps＋触媒方式に変更、実用燃費は1974年初期モデル(REAPS-3)に対し約70%向上した。

第4世代ルーチェ（1981/11～）

1981年11月、レシプロエンジン車より1ヵ月遅れで登場した4代目ルーチェ 4ドアハードトップ。2代目コスモの兄弟車で、エンジンは12A型6PI（6ポートインダクション）130psに変更され、5速MTか3速ATが付く。サイズは全長4640mm、全幅1690mm、全高1360mm、ホイールベース2615mm。車両重量1165～1190kg。サスペンションは前輪がストラット＋コイル、後輪はセミトレーリングアーム＋コイル。ブレーキは4輪ディスク。価格は189.4～210.6万円。

4代目ルーチェ 4ドアハードトップの運転席。最新のカーエレクトロニクスを駆使した、集中クラスタースイッチと電子インストゥルメントパネル。センターコンソールにはめ込まれたカセットデッキが懐かしい。

1981年11月に発売された4代目ルーチェサルーン。エンジン、トランスミッション、サスペンション、ブレーキ方式はハードトップと同じ。サイズの違いは全長4670mm、全高1410mm、車両重量1150～1180kg。価格は174.9～199.9万円。

4代目ルーチェサルーンの運転席。ハードトップとは異なりアナログ方式のメーターを採用している。

新時代の高級車にふさわしい、高性能・低燃費のパワーユニットを搭載。

4代目ルーチェに採用された12A型6PI 573cc×2ローター、130ps/7000rpm、16.5kg-m/4000rpmエンジン。実用燃費が1974年初期モデル(REAPS-3)に対し約100%向上したと言われる。

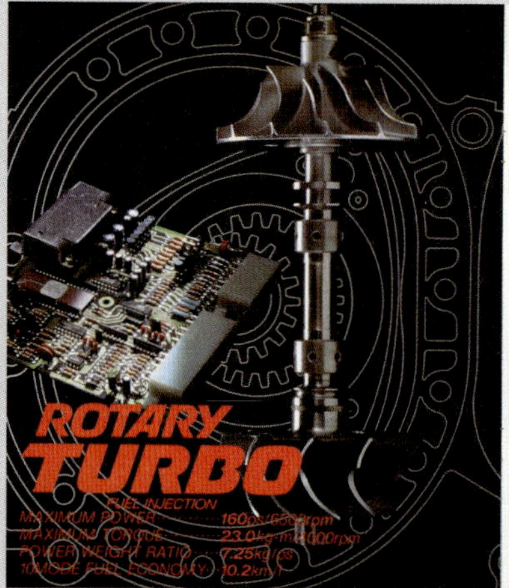

1000回転からレッドゾーンまで。ストレスなく、滑らかに吹きあがる
全域全速ターボ。ロータリーターボならではの
気品ある160馬力が、寡黙のうちに高速クルージングへと誘う。

1982年9月、RE初の電子制御式燃料噴射装置(EGI)を採用した12A型ロータリーターボ、160ps+5速MTを搭載したルーチェロータリーターボ。表紙はハードトップリミテッドで、他にハードトップGTとサルーンリミテッドがラインナップされていた。ハードトップには初めてピレリーP6 205 60R15 89Hタイヤ装着車が登場した。価格は245.7万円(ハードトップリミテッド)。

1983年9月、サルーンとハードトップのリミテッドに2トーンカラーが設定された。これはサルーンで、背景は1983年欧州オープンで青木功が優勝した、ロンドン近郊の名門サニングデール・ゴルフクラブ。リミテッドには12A型ターボ165psに加え、EGIとSI(スーパーインジェクション)を備えた自然吸気13B型160psエンジンが選択できた。

1983年9月、顔のお色直しを受けたルーチェハードトップ。駆動系はサルーンと同様の変更を受けている。背景は1860年に最初の世界チャンピオンシップが開催された、西スコットランドの名門プレストウイック・ゴルフクラブ。

1983年9月時点のルーチェ搭載エンジン。REは13B型SI 160ps、12A型インパクトターボ165ps、12A型6PI 130psの3機種があり、他にレシプロエンジンの2ℓ直4 EGI 120ps、2ℓ直4 110ps、2.2ℓ直4ディーゼル70psの3機種をあわせて合計6機種が設定されていた。

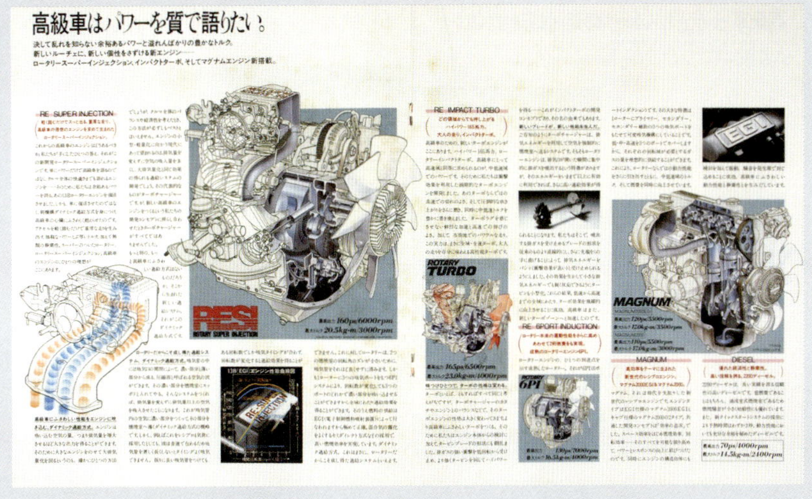

第5世代ルーチェ（1986/9〜）

1986年9月に発売された5代目ルーチェ 4ドアハードトップリミテッド。5代目ルーチェの主役エンジンは2ℓ V6で、この写真もV6車のもの。もはやRE車の大きな写真はカタログに載っていない。REはハードトップのみに設定され、エンジンはRX-7で実績のあるインタークーラー付ツインスクロールターボ13B型654cc×2ローター、180ps（ネット）を積む。サイズは全長4690mm、全幅1695mm、全高1395mm、ホイールベース2710mm。価格はリミテッドが285.8万円、ロイヤルクラシックは356.3万円（V6モデルより19万円高い）。

1987年5月発行のカタログにようやく載ったルーチェ 4ドアハードトップリミテッドロータリーターボの雄姿。サスペンションは前輪がストラット＋コイル、後輪にはE型マルチリンク＋コイルが採用された。タイヤは195/65 R15 90Hが標準設定されていた。

ルーチェのハイエンドモデルであるロイヤルクラシック4ドアハードトップ。13B型180ps、2ℓ V6 145psに1987年8月、3ℓ V6 160ps(出力はいずれもネット値)エンジンが新たに加わった。ロイヤルクラシックにはデジタル方式のメーターユニットが付く。

●コスモロータリーシリーズ(1975/10〜)●

第2世代コスモAP(1975/10〜)、コスモL(1977/7〜)

「GTを終了した人のラグジュアリースポーツ・コスモAP。」のコピーと共に1975年10月に登場したコスモAP。斬新なセンターウインドーを持つ2ドア・ピラードハードトップで、イメージカラーは国産車にはめずらしい鮮やかな赤であった。エンジンは上位モデルのリミテッドには13B型135ps、カスタムシリーズには12A型125psが積まれた。サイズは全長4545(カスタムシリーズは4475)mm、全幅1685mm、全高1325mm、ホイールベース2510mm。車両重量1160〜1220kg。リミテッド(5速MT)の最高速度195km/h、0-400m加速15.9秒。価格は120.0〜181.0万円。

クラシカルな高級感を演出するコスモAPリミテッドの運転席。フルスケール210km/hのスピードメーターと8000rpmのタコメーターが走りを予感させる。

'75年間最優秀
自動車賞受賞

1975年10月発売されたコスモAPは公害対策システムREAPS-5を採用、他社に先駆け昭和51年排出ガス規制に適合していた。燃費改善努力が功を奏し、第1次石油ショック直後にもかかわらず販売は好調で、1975年に1万2000台販売している。また、「モーターファン」誌主催の「1975年カーオブザイヤー」を受賞した。

コスモAPの透視図。駆動方式はFRで、サスペンションは前輪がストラット+コイル、後輪はリジッドアクスル+5リンク+コイル。4輪ディスクブレーキ、タイヤは185/70SR14スチールラジアルが採用された。

Introducing Mazda's new Rotary Car. Cosmo.

There is now an altogether new kind of small car to move up to. The Cosmo. Mazda's new luxury sport coupe. A truly exciting and lavish automobile.

The Cosmo is a unique combination of luxury, rotary-engine performance, and economy.

EPA mileage tests say the 5-speed manual transmission Cosmo gets 29 mpg on the highway, 18 mpg in the city. (*Remember*, these figures are *estimates*. The actual mileage you get will vary with the type of driving you do, your driving habits, your car's condition, and the optional equipment you choose, such as air conditioning and automatic transmission. Mileage slightly lower in California.)

The Cosmo's low, sleek stance and stunning exterior reveal at first glance that luxury and performance are to be found in abundance.

Inside the Cosmo, you're treated to the luxury of real wood. There's deep, soft, comfortable carpeting, even on the doors. And other standard features like a trip odometer, electric clock with sweep second hand, and a multi-purpose lever that operates turn signals, lane-changing and passing signals, high/low beam, and windshield washer and wipers.

A split-level heating and ventilation system can simultaneously provide warm air for cold feet, and cool fresh air for your face. Tinted glass all the way around is easy on the eyes.

For sheer convenience, there's even a motorized remote control side-view mirror that's standard. Also standard are power-assisted disc brakes on all four wheels, not just two.

Power steering, an AM/FM multiplex stereo radio, automatic transmission, air conditioning and power windows (with individual power-window switches thoughtfully located on the center console) are some of the

options available.

In short, the Cosmo stands for generous features and comforts designed to create an atmosphere found in the very finest automobiles.

In a car of this caliber and class, you expect great performance and handling. And the Mazda Cosmo has it. Indeed, the Cosmo is the *only* sport coupe in America with such luxury and incredibly smooth, quiet rotary-engine performance. Acceleration comes easily. Effortlessly.

For handling, there's an independent front suspension system, gas-saving steel-belted radials (designed specially for the Cosmo) and double acting, gas-pressurized shock absorbers.

In addition, the Mazda limited rotary-engine warranty states that the basic engine block and internal parts will be free of defects, with normal use and prescribed maintenance, for 50,000 miles or 3 years, whichever occurs first, or Mazda will fix it free. This limited non-transferable warranty is free on all new rotary-engine Mazdas sold and serviced in the continental United States.

The Cosmo may well be the smoothest, quietest, best handling car you've ever driven. And we invite you to experience that pleasure at your Mazda Dealer.

The Mazda Cosmo.

Now there's a small car you can move up to.

1. The Cosmo's luxuriously designed cockpit-type instrument panel, with easy-to-see instruments, easy-to-reach controls.
2. The rotary Cosmo is so quiet, a tachometer comes standard to remind you not to over rev the engine.
3. The Cosmo's rich reclining seats, dressed in soft velour fabric.
4. Unlike many "opera windows," the Cosmo's special side center window rolls down.
5. For good mileage, the Cosmo has a 5-forward-speed transmission. It's standard.

1976年1月に入手した、米国マツダ発行のコスモのリーフレット。まだ詳細なデータは記載されていないが、EPAの燃費テストの結果、ハイウェイで29mpg(12.3km/ℓ)、市内走行は18mpg(7.7km/ℓ)とある。1978年型ではハイウェイ燃費は27mpg(11.5km/ℓ)に落ちている。13B型エンジン+5速MTが標準で、3速ATがオプション設定されていた。

1977年7月、わが国で初めて優雅なランドウトップを採用したコスモLが発売された。基本的なスペックはコスモと同じ。公害対策システムはREAPS-5Eに進化している。価格はリミテッドが187.0万円、カスタムは141.5万円。

1979年9月、マイナーチェンジで前後の外観、運転席周りのデザインが変わったコスモ。ただし、コスモLのリアデザインは小変更にとどまる。エンジンはサーマルリアクター方式をやめ、希薄燃焼方式13B型140ps＋触媒方式に変更、実用燃費は1974年初期モデル(REAPS-3)に対し約70％向上した。価格はクーペが153.8～192.8万円、Lは180.3～198.8万円(2ℓ直4エンジン車の価格はクーペ125.8～166.8万円、Lは145.3～168.8万円であった)。

第3世代コスモ(1981/11～)

1981年11月発売された3代目コスモ2ドアハードトップ ロータリーリミテッド。空力デザインを追求するため、4灯式のリトラクタブルヘッドランプ、低いボンネットと薄いラジエーターグリルを採用した。2ドアハードトップの空気抵抗係数Cd=0.32で、当時の世界トップクラスの空力性能を誇った。エンジンは12A型6PI 130psのみで、これに5速MTあるいは3速ATが搭載された。サイズは全長4640mm、全幅1690mm、全高1340mm、ホイールベース2615mm。車両重量1150～1195kg。価格は187.6～207.1万円。

ヘッドランプを上げた状態のコスモ2ドアハードトップ。REモデル2種、2ℓ直4モデル5種が設定されていた。サスペンションは前輪はストラット+コイル、後輪はトレーリングアーム+コイルの独立懸架となった。

1981年11月発売された3代目コスモ4ドアハードトップ ロータリーリミテッド。エンジン、トランスミッションは2ドアハードトップと同じ。サイズは全高のみ20mm高い1360mm。価格は189.4～210.6万円。2代目コスモは4代目ルーチェの兄弟車である。

1981年11月発売された3代目コスモサルーン ロータリーリミテッド。エンジン、トランスミッションは2ドアハードトップと同じ。サイズは全長4670mm、全幅1690mm、全高1410mm、ホイールベース2615mm。価格は174.9～199.9万円。

1982年9月、兄弟車のルーチェと同時発売された、世界初のターボチャージドREを搭載したコスモロータリーターボ。2ドア/4ドアハードトップとサルーンが設定されていた。価格は188.2～245.7万円。

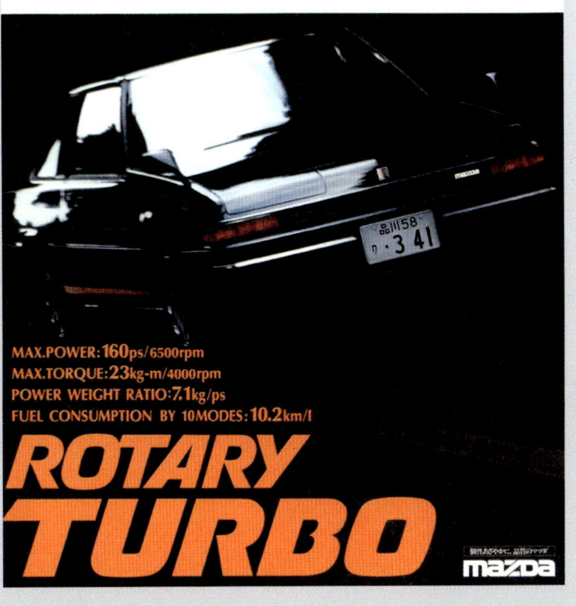

コスモロータリーターボハードトップの運転席。ハードトップにはグラフィカル電子インストゥルメントパネルが採用され、リミテッドには8ウェイ・フルアジャスタブル・ドライバーズシートが標準装備された。

コスモとルーチェのロータリーターボ車に初めてオプション装備された、ピレリー P6 205 60R15 89Hタイヤを紹介するリーフレット。

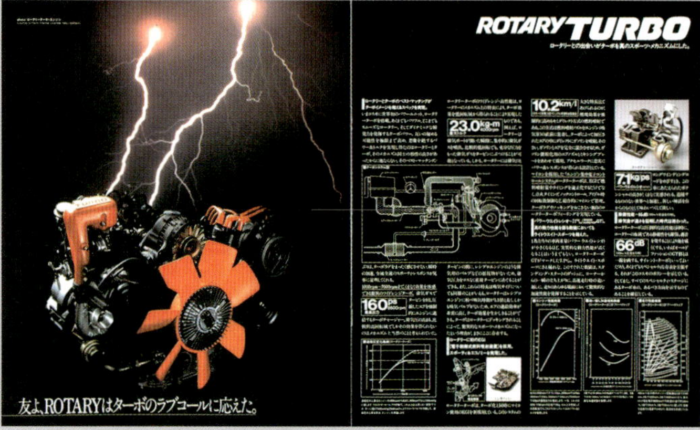

コスモロータリーターボに搭載された、ロータリー初の電子制御式燃料噴射装置（EGI）を採用した12A型ロータリーターボ、160ps/6500rpm、23.0kg-m/4000rpmエンジン。10モード燃費10.2km/ℓ、パワーウエイトレシオ7.1kg/psであった。トランスミッションは5速MTが付く。

1983年9月、マイナーチェンジで固定式ヘッドランプに変身したコスモ4ドアハードトップ。ハードトップとサルーンのリミテッドには電子制御サスペンションAAS（Auto Adjusting Suspension）が採用された。ATはすべてロックアップ機構付き4速となり、ハードトップリミテッドとGTに電動ドアミラーが採用された。成熟したコスモを訴求する手段として、プレイボーイクラブのバニーたちを動員している。

ラブリー・クルージング

コスモハードトップの運転席。特徴的なデジタル表示の電子メーターはオプション装備に変わり、なじみやすい指針表示が標準となった。

1983年9月、マイナーチェンジでフロント部のデザインが小変更を受けたコスモサルーン。

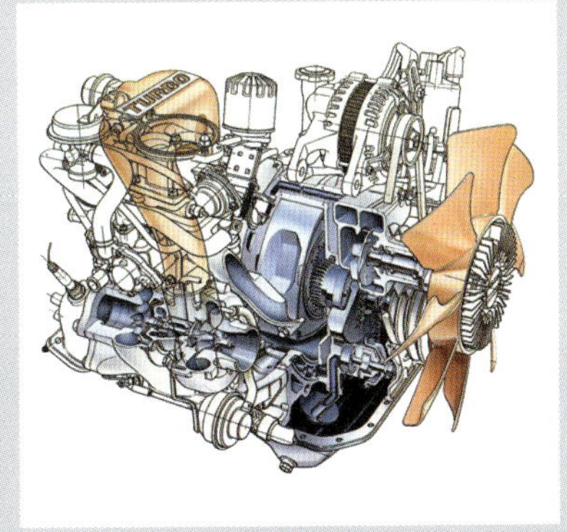

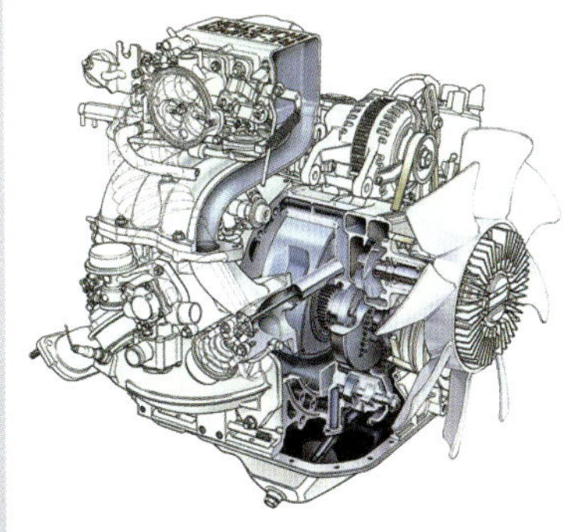

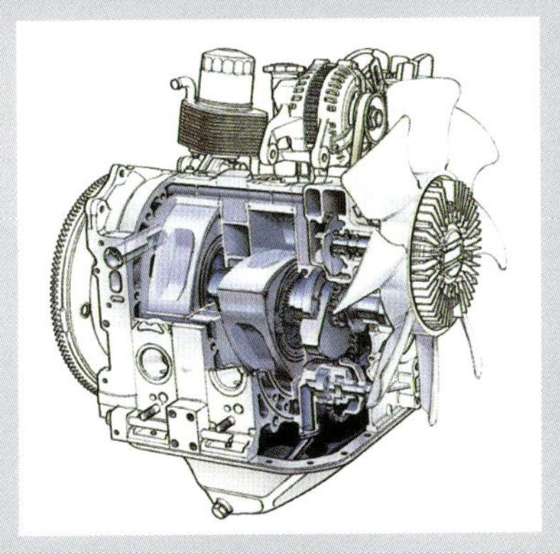

1983年9月時点の2代目コスモのREラインナップ。左から12A型インパクトターボ、165ps/6500rpm、23.0kg-m/4000rpm。13B型スーパーインジェクション(SI)、160ps/6000rpm、20.5kg-m/3000rpm。12A型6PI、130ps/7000rpm、16.5kg-m/4000rpm。レシプロエンジンは2ℓ直4 120ps/110ps、2.2ℓ直4ディーゼル70psの3機種が設定されていた。

1983年9月、マイナーチェンジで初代からの特徴であったセンターウインドーが廃止され、やや太めのBピラーに変わったコスモ2ドアハードトップ。リミテッドとGTには12A型インパクトターボ165ps、GS-Xには12A型6PIの130psを積む。リミテッドとGTには電動ドアミラーが採用された。

1984年9月、マイナーチェンジで固定式ヘッドランプに変身したコスモ2ドアハードトップリミテッド(GTはリトラクタブルヘッドランプを継続)。エンジンは12A型インパクトターボ165psと13B型スーパーインジェクション(SI)、160psを積む。

1986年9月以降カタログに残ったコスモ4ドア/2ドアハードトップ ロータリーターボリミテッド。エンジンは12A型インパクトターボ165psの設定だけとなった。この写真は1988年10月発行のもので、エンジン出力はネット表示となり、130ps/6000rpm、20.0kg-m/3500rpmとなっている。

第4世代ユーノスコスモ(1990/4～)

1990年4月、4代目コスモは「気概ある男のプライベートタイムを彩るスポーティクーペ」を開発コンセプトに、3ナンバー専用の高級パーソナルクーペ、ユーノスコスモの名前で発売された。サイズは全長4815mm、全幅1795mm、全高1305mm、ホイールベース2750mm。車両重量1490～1640kg。駆動方式はFR。サスペンションは前輪がダブルウイッシュボーン+コイル、後輪はマルチリンクの独立懸架。価格は330.0～530.0万円。1995年7月の生産終了までに8875台生産された。

ユーノスコスモのリアビュー。世界初の衛星航法を利用したナビゲーションシステムGPSS(Global Positioning System with Satellite)を持つ、本格的な移動体通信システムCCS(Car Communication System)がオプション設定された。リアウインドーの上にあるのがGPSS用アンテナ。

量産車では世界初のシーケンシャルツインターボ付20B-REW型654cc×3ローター、280ps/6500rpm(ネット)エンジン。当時国産エンジンとしては最強の性能とV型12気筒に匹敵する滑らかな運転を実現した。他にシーケンシャルツインターボ付13B-REW型654cc×2ローター、230ps/6500rpm(ネット)が設定されていた。

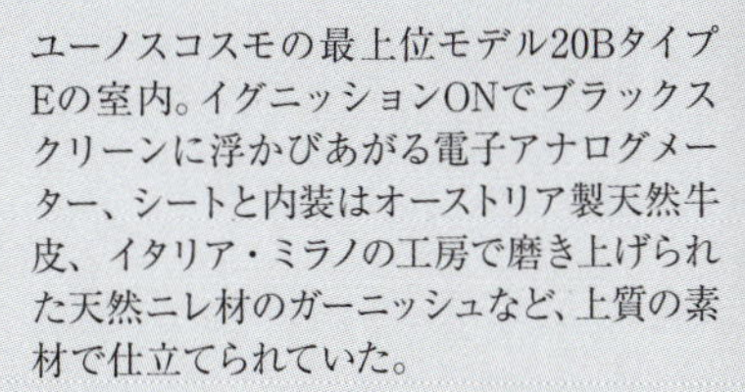
ユーノスコスモの最上位モデル20BタイプEの室内。イグニッションONでブラックスクリーンに浮かびあがる電子アナログメーター、シートと内装はオーストリア製天然牛皮、イタリア・ミラノの工房で磨き上げられた天然ニレ材のガーニッシュなど、上質の素材で仕立てられていた。

●ロータリーピックアップ(米国、カナダ向け専用車)(1974/4〜)●

米国マツダが発行した1974年型ロータリーピックアップのカタログ。ピックアップトラックの人気が高い北米市場の要求に応えて発売された。ベースはマツダプロシードだが前後のデザイン、大きく張り出したフェンダー、ワイドタイヤ(7.35-14-6p)などで力強さを強調している。13B型エンジン+4速MTが標準で、3速ATがオプション設定されていた。エンジン出力の記載なし。米国、カナダ向け専用車で日本国内での販売はなかった。

Rugged and reliable.

You can count on a Mazda Rotary Pickup. It has a load capacity of 1400 pounds. And an all-steel bed that measures over six feet long and nearly five feet wide. Power assisted front disc brakes. A wide track stance that means a sturdy, stable ride. A hefty suspension system with independent coil springs up front and double-acting shock absorbers all around. And an engine that has no pistons, no valves, no lifters and no connecting rods. In a Mazda Rotary Engine there is simply less to go wrong.

Carlike and comfortable.

The Mazda Rotary Pickup's interior is so roomy and so inviting, you'd think you were inside a car instead of a truck. With the comfortable, deep-foam cushioned bench seat, covered in attractive, easy-to-clean vinyl. The handsomely upholstered door panels with padded armrests. The rich nylon carpeting, as plush as any luxury sedan's. The ample leg room. And notice the smartly-styled instrument panel with the three big, easy-to-read, fully-lighted dials (the center one is a tachometer) set deep in an elegant woodtone panel. This is an interior you can relax in. Even when you're here to work.

1976年型ピックアップ、マツダホーラー（運送トラック）のカタログ。エンジン出力110ps/6000rpm（ネット）の記載あり。
エアコンがオプション設定された。

●パークウェイロータリー 26バス（1974/7～）●

高度な公害対策を施して、世界初のロータリーバス誕生。 スーパーデラックスはサロンムードの13人乗りです。

パークウェイロータリー26
スーパーデラックス

マツダRE公害対策システム

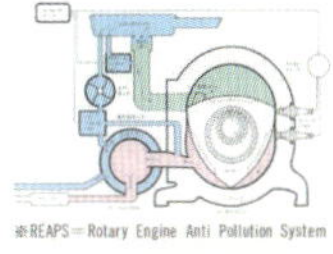

※REAPS＝Rotary Engine Anti Pollution System

1974年7月に発売された異色のRE搭載バス、パークウェイロータリー 26。13B型135psエンジン＋4速MTを積む。サイズは全長6195mm、全幅1980mm、全高2290mm、ホイールベース3285mm。車両重量2885kg。乗車定員26名（スーパーデラックスは13名）。最高速度120km/h。生産台数44台。

●ロードペーサー AP(1975/4~)●

1975年4月、オーストラリアのGMホールデン社からプレミアーの部品を購入、公害対策システムREAPS-4Eにより昭和50年排出ガス規制に適合した13B型135psエンジン＋3速ATを積んで発売された、マツダロードペーサー AP。サイズは全長4850mm、全幅1885mm、全高1465mm、ホイールベース2830mm。車両重量1575kg。最高速度165km/h。生産台数はマイナーチェンジ車を含め800台。価格は368.0万円(6人乗り)、371.0万円(5人乗り)。

1977年8月、マイナーチェンジでラジエーターグリル、インストゥルメントパネルなど小変更を受けたロードペーサー AP。直後の9月に生産を終了してしまった。

第 1 世代サバンナ RX-7（1978/3～）

1978 年 3 月、「羨望のサバンナ RX-7 フロント・ミッドシップで新登場」したときのカタログ。公害対策システム REAPS-7 を採用、昭和 53 年排出ガス規制に適合した 12A 型 573cc × 2 ローター、130ps エンジン＋ 5 速 MT または 3 速 AT を積む。サイズは全長 4285mm、全幅 1675（カスタムは 1650）mm、全高 1260mm、ホイールベース 2420mm。車両重量 985 ～ 1015kg。0-400m 加速性能は 15.8 秒（5 速 MT）。価格は 123.0 ～ 173.0 万円。

RX-7 のフロント・ミッドシップならではの低くてシャープなフロント、空気力学を重視した低く大胆なウェッジ型ボディ、そしてリトラクタブルヘッドランプ、グラスハッチバックなどを採用している。

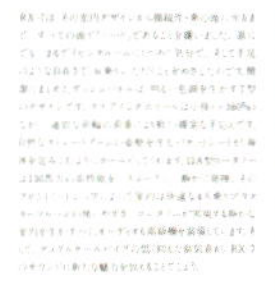

RX-7 の室内。定員 4 名だが後席は狭く実質 2 ＋ 2。マツダが好んで使う 4 本スポークのステアリングホイールの先には、T 型デザインのインストゥルメントパネルがある。3 連メーターの中央にフルスケール 8000rpm のタコメーターを置き、スポーツカーであることを主張している。

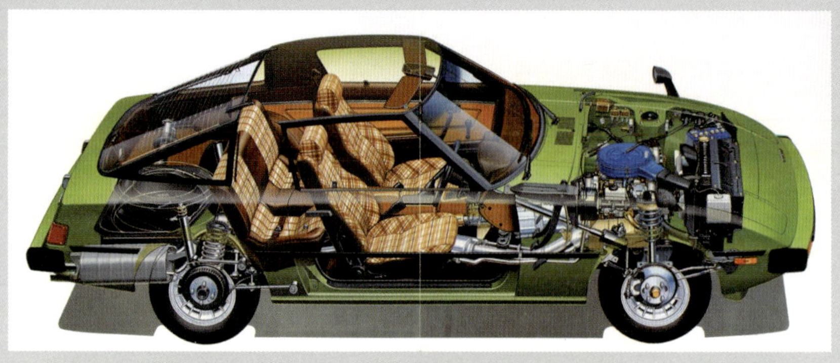

RX-7の透視図。サスペンションは前輪がストラット＋コイルスプリング、後輪はリジッドアクスルに4リンク＋ワットリンク＋コイルスプリング。ワットリンクはレース仕様サバンナに装着され、コーナーでの高い安定性を実証済みであった。

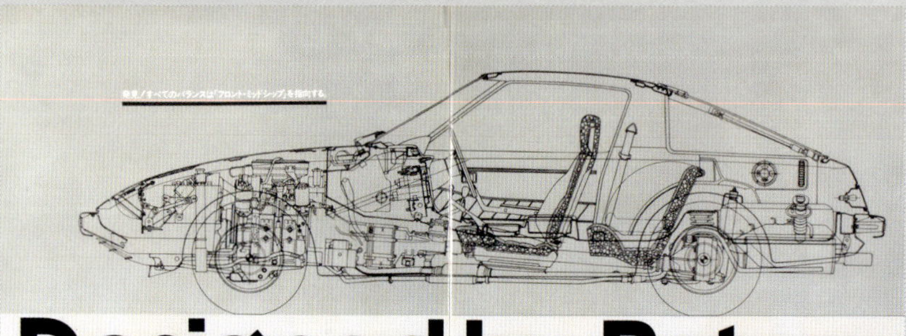

「ロータリーがデザインした」のキャッチコピーとRX-7の側面図。REの特徴である小型・静粛・高性能をフルに活かしてデザインされており、コンパクトなエンジンを前車軸より後退させ、低く鋭いフロントノーズ部のデザインを可能としている。

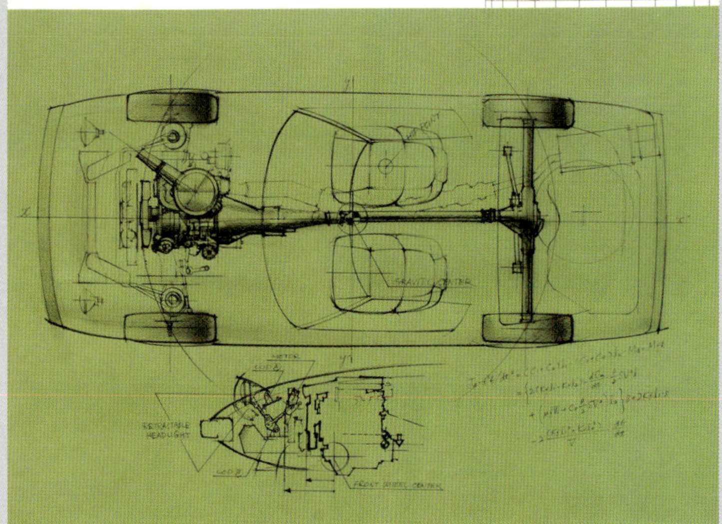

平面図で見てもREのコンパクトさが際立つ。エンジンを前車軸より後退させ、前後輪の重量配分50.7：49.3とし、駆動系の重量物を重心点近くに集めることで抜群の運動性能を得ている。下方には、同等の性能を持つ直列6気筒エンジンでは、如何なるエンジンレイアウトを採用してもRX-7のデザインは成り立たないと主張している。

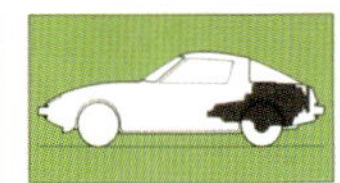

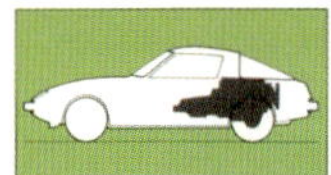

1978年5月に入手した米国マツダ発行の1979年型マツダRX-7(サバンナは付かない)のカタログ。詳細な仕様はまだ載っていないが、Sモデルには4速MT、GSモデルには5速MTが標準装備され、GSにはAT、サンルーフ等がオプション設定されている。保証は3年または8万kmとある。国内仕様ではウインドシールドアンテナだが、北米仕様は右リアフェンダーにラジオアンテナが付いている。

上のカタログの中身、RX-7 GSモデル。アルミホイールはオプション。「時折、ほんのわずかの幸運な人が素晴らしい新型スポーツカーを買うチャンスに巡り合えます。」「今それはあなたの番です。」のコピーと、過去のチャンスは1947年にMG-TC、1953年にコルベット、1970年に240-Zを挙げ、今回のチャンスはRX-7だから買わなきゃ損、と訴求している。

1979年3月、サバンナRX-7にサンルーフを標準装備したSEモデルが追加設定された。前ヒンジでルーフ後部をわずかに開けるか、このように取り外してカーゴルーム内の格納ケースに収納できた。開口部面積は当時国産車最大で490mm×765mmあった。価格は161.0～207.0万円。表紙には1979年1月、モーターファン誌「CAR OF THE YEARグランプリ受賞」と記載している。

SAVANNA RX-7

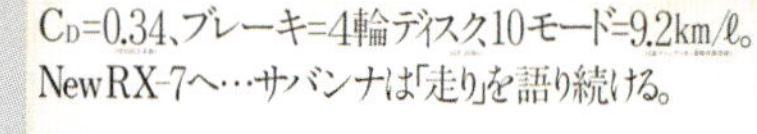

1980年1月にはモーターファン誌の1970～1979年の10年間で最も記念すべき車「カーオブザディケイド」を受賞したことを報告したカタログ。1979年10月には12A型希薄燃焼式130psエンジンに換装されている。同時にサーマルリアクター方式から触媒方式に変更、実用燃費は約20%改善された。

1980年11月、マイナーチェンジで前後のデザイン変更、サイドプロテクターモールの拡幅、4輪ディスクブレーキの採用などが実施された。価格は147.1～233.3万円。

1980年11月、マイナーチェンジ時のサバンナRX-7の運転席。操作性とメーターの視認性向上のため、GT-Jモデルを除き全車A型スポークを持つステアリングホイールを採用。チェンジレバーは短く、直立させ、成形天井を採用するなどの変更を加えている。

1980年11月のマイナーチェンジ後に日本で印刷されたRX-7（右ハンドル仕様）の英語版カタログ。エンジンは12A型115ps/6000rpm（DIN）、15.5kg-m/4000rpm（DIN）、トランスミッションは5速MTと3速AT。国内仕様との外観上の違いはリアのナンバープレートがバンパーの上に付き（北米仕様は国内とおなじ下に付く）、ドアミラー、ヘッドランプウォッシャーを備える。アルミホイールは標準装備。

Estilo del RX-7—maravillosa aerodinámica de automóvil deportivo para conseguir un rendimiento excepcional.
RX-7 styling—optimum sports car aerodynamics used in pursuit of exceptional performance.

日本で印刷されたRX-7（左ハンドル仕様）の英語・西語併記版カタログ。エンジンは12A型105ps/6000rpm（DIN）、15.0kg-m/4000rpm（DIN）、トランスミッションは5速MTのみの設定で、フロントフェンダーにサイドマーカーが付く。リアスポイラーはオプション設定。ローターをシンボライズしたアルミホイールは標準装備。ステアリングホイールは4本スポークのものが継続採用されている。

RX-7は長い間ポルシェとダットサンが独占していた米国IMSA（International Motor Sports Association）シリーズ、GTU（Grand Touring Under 2.5 litre）カテゴリーで、1980年マニュファクチャラーズおよびドライバーズチャンピオンシップを獲得した。これは1981年7月発行のサバンナRX-7のカタログに載った写真で、左頁は1981年英国シルバーストーン6時間、右は1981年IMSA第2戦セブリング12時間レース。

1982年3月、マイナーチェンジでエンジンを全車12A型6PIに換装。同時にオプション設定されたツートンカラーのSEリミテッドは、サンルーフ、アルミホイール、本革巻ステアリングホイール、本革シートなどを標準装備。

12A型6PI（シックスポートインダクション）、130ps/7000rpm、16.5kg-m/4000rpmエンジン。1ローターに低速ポート、中速ポート、パワーポートを設けた可変吸気機構で、2ローターで合計6つの吸気ポートを持つ。4代目ルーチェ、2代目コスモにも既に採用されていた。

1983年9月、電子制御式燃料噴射装置（EGI）を採用した12A型インパクトターボ、165psエンジン＋5速MTを搭載したモデルが追加設定された。これはターボGT-X。1983年9月発行のカタログでは「ロケット！」だが、1984年7月発行のカタログでは「ROTARY ROCKET!」となった。米国マツダ発行の1982年型カタログでは0-60mile/h加速8.7秒の俊足を「rocket」と称し、1983年型カタログでは「Mazda's "Rotary Rockets"」と表現されている。12A型6PIエンジン車には5速MTと、初めて4速ATが設定された。価格は12A 6PI車が166.8～240.1万円、12Aターボ車は189.2～261.3万円。

1983年9月発売されたサバンナRX-7ターボSEリミテッド。シート、ステアリングホイール形状が変更された。ピレリーP6 205/60R14タイヤとアルミホイールは標準装備。初めてドアミラーが採用され、フェンダーミラーは工場注文装備となった。このクルマの価格は261.3万円。ツートンカラーは+2.0万円、エアコンは+18.8万円であった。

1983年9月、300台限定販売された、RX-7ターボ新発売記念と1983年ル・マン優勝（Cジュニア部門）記念ターボGT。ピレリーP6 205/60R14タイヤとアルミホイール、リミテッドスリップデフ、電動リモコン式ドアミラーが特別装備されていた。

SAVANNA RX-7 TURBO 新発売記念 '83ル・マン優勝(Cジュニア部門)メモリアル TURBO GT全国限定300台

1984年2月、200台限定販売されたRX-7リミテッドバージョン。ベース車はターボGTで、リアスポイラー、全面モケットシート、ピレリーP6 205/60R14タイヤとアルミホイール、リミテッドスリップデフ、電動リモコン式ドアミラーが特別装備されていた。

リヤスポイラー装着、Limited Version 新登場。限定200台。

LIMITED VERSION

インパクトターボRX-7に、いま、エアロパフォーマンス。

特別仕様項目

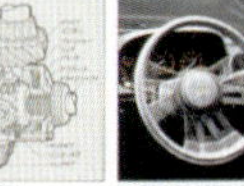

第2世代サバンナ RX-7（1985/10～）

1985年10月に発売された2代目サバンナRX-7。初代よりワンランク上の上級者向きのスポーツカーを目標に開発された。これはハイエンドモデルのGTリミテッドで、他にGT-X、GT-R、GTモデルがラインナップされていた。サイズは全長4310mm、全幅1690mm、全高1270mm、ホイールベース2430mm。車両重量1210～1310kg。10モード燃費7.0～7.7km/ℓ。価格は197.1～312.0万円。

2代目RX-7の運転席。角度の立ったステアリングホイール、短く直立したシフトレバー、ドライバーの正面に位置する大径（112mm）のタコメーターと、その右にやや小ぶり（93mm）のスピードメーターなど、機能的でエキサイティングな運転席。トランスミッションは新開発の5速MTとロックアップ機構付き4速ATが設定されていた。

2代目RX-7のエンジン。初代の12A型からダイレクトインタークーラー付ツインスクロールターボ13B型654cc×2ローター、185ps/6500rpm（ネット）、25.0kg-m/3500rpmに変更。燃料噴射装置にはデュアルインジェクターを採用、低回転域では1個のみ、高回転域では2個作動させ、つねに最適量の噴射を行ない、燃焼効率、燃費性能の向上を図っている。

2代目RX-7の透視図。サスペンションは前輪がストラット+コイルスプリング、後輪は4WS（4輪操舵）技術を応用したトーコントロールハブ付マルチリンクの独立懸架方式を採用。ステアリングはラック&ピニオン、フロントブレーキには対向4ピストンアルミ製キャリパーを持つベンチレーテッドディスクブレーキが付く。乗車定員は4名だが、実質2+2であった。

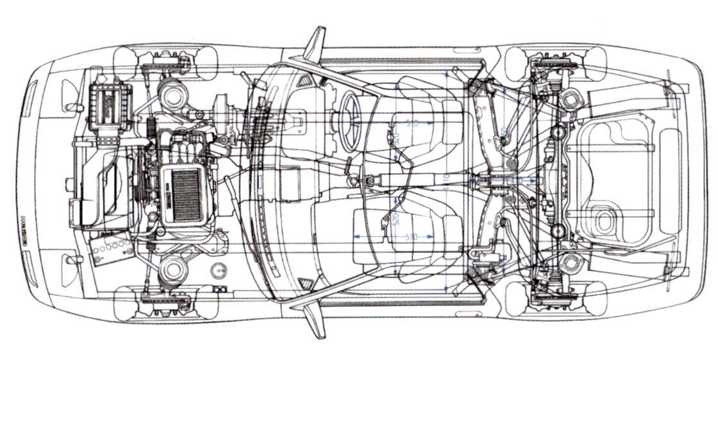

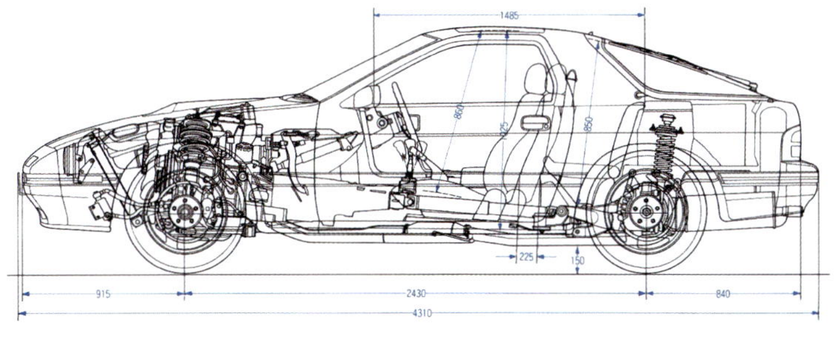

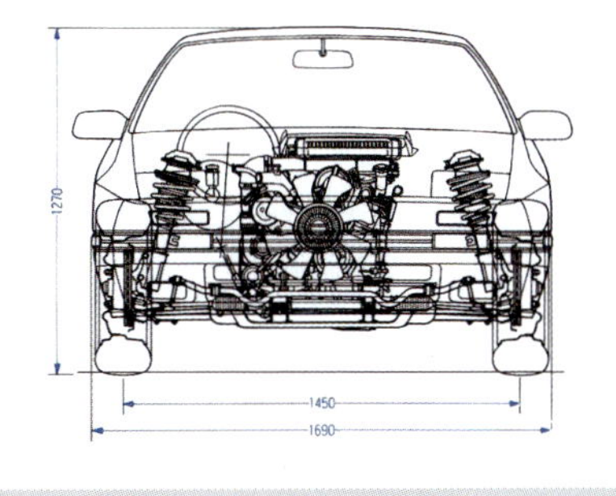

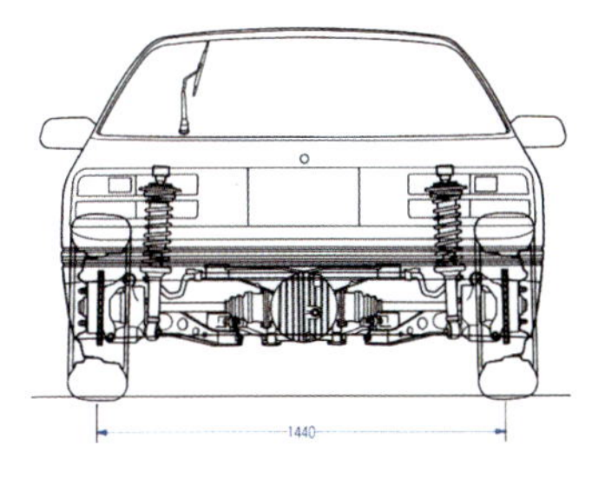

2代目RX-7の4面図。ネット185psを発生するコンパクトなREに注目。前後輪荷重配分は2名乗車・満タン時で50.5：49.5、空気抵抗係数Cd=0.32、オプションのエアロキット装着時はCd=0.30を誇る。タイヤサイズは205/60R15 89H。

1986年8月、RX-7をベースに、走りに徹した味付けを施した特別限定仕様車、サバンナRX-7∞（アンフィニ）。2シーター、アルミ製ボンネットフード、専用ダンパー、ホイールはBBS社特注の軽量鍛造アルミホイール、応急用スペアタイヤのホイールもアルミ化されていた。13B型185ps(ネット)＋5速MTと4速AT(第2次以降ATの設定は無くなった)は標準車と同じ。車両重量は1200(AT車は1220) kgだが、ヨーイング慣性モーメントは20%ほど小さくなっている。300台限定販売され、価格は278.8（5MT）万円。∞（アンフィニ）シリーズは進化のための小変更を加えながら1991年3月の第8次まで、合計8回限定販売された。

RX-7 TURBO

"WHAT YOU HAVE HERE IS A WORLD-CLASS PERFORMANCE MACHINE THAT DOESN'T REQUIRE A WORLD-CLASS BANK BALANCE . . ." *Car and Driver*

From the moment the new-generation RX-7 arrived, the nation's automotive editors began speculating hopefully on the imminent arrival of an RX-7 *Turbo*.

Now that RX-7 Turbo is here, their eager anticipation has proven to be fully justified. RX-7 Turbo's fuel-injected, intercooled, and turbocharged rotary engine delivers 25% more horsepower and 33% more right-now torque than its brethren: 182 hp at 6500 rpm, 183 lb.-ft. at 3500 rpm. Zero to 60 is a scalding 6.7 seconds, the standing quarter-mile an eye-popping 15.2 seconds. As *Motor Trend* noted, "On the road circuit, it is neutral, predictable and *faaaast*." And there is no smoother rush of power around.

Color-keyed airfoil dual mirrors, standard.

In typical Mazda fashion, turbocharging the RX-7 rotary was no mere "tab-A-into-slot-A" procedure. Major refinements in both rotary and turbo technologies (described on pages 22 and 23) were necessary to synergize their interaction to true world-class GT levels. And further chassis modifications were made to deliver still better roadhandling.

RX-7's Turbo touches.

The Turbo's suspension has been tuned to a sportier level for high-performance driving; and ultra-high-performance 205/55VR16 low-profile radials are mounted on wider 7-inch-rim alloy wheels to enhance the Turbo's roadgrip. Prudent measures all, when up-scaling the already dazzling capabilities of today's RX-7.

Moreover, these measures are in addition to the limited-slip differential and ventilated four-wheel disc brakes with racing-type 4-piston, fixed-calipers up front, for more effective braking performance.

Externally, Turbo insignia appear discreetly on the front fenders; the 16-inch alloy wheels and brawny tires lend an unmistakably muscular look; special air-flow dual mirrors grace the doors; and the telltale air scoop on the hood is precisely positioned to ramjet its flow into the intercooler beneath.

The siren voice of turbopower.

Automobile Magazine notes, "The Turbo does speak to us. Loudly and with conviction . . . as cooperative as anything I've driven—more so than most cars this fast."

A sunroof that tilts up or slides back at a button's touch is standard.

For the serious drivers who yearn for one of the most potent total-performance machines in the world, the inimitable voice of this RX-7's rotary turbopower is indeed irresistable.

米国マツダから発行された1987年型RX-7のカタログ。エンジンは13B型ターボ182ps/6500rpm（ネット）とNA（自然吸気）の13B型6PI、146ps/6500rpm（ネット）の2機種が設定されている。速度計のフルスケールは150mile (240km) /h。タイヤは185/70HR14の他、SportとGXLに205/60VR15、ターボモデルは205/55VR16を履く。

1988年に米国マツダから発売されたRX-7発売10周年記念特別限定車。13B型ターボ＋5速MTを積み、ボディと同色のガードモールが外観上の特徴。

1987年8月、ロータリーエンジン発売20周年を記念して発売された、サバンナRX-7カブリオレ。スペックはクーペとほぼ同じだが、軽量化のためボンネットフードにアルミ材が使われている。車両重量はクーペより80kgほど重く1360（AT車は1370）kg。価格は378.0～391.2万円（エアコン付は＋18.5万円）。

RX-7カブリオレは①フルオープン②ルーフレス③クローズドと3タイプのトップ形状が楽しめる。トップのルーフ部分は取り外し可能なSMC（シート・モールディング・コンパウンド）という樹脂成型によるハードなルーフパネルを採用している。

1988年型北米仕様RX-7コンバーティブル（北米ではカブリオレと呼ばない）。13B型6PI、146ps（ネット）エンジン＋5速MTを積む。国内仕様の∞（アンフィニ）シリーズと同じBBS社特注の軽量鍛造アルミホイールは標準設定。

ROTARY POWER IN THE RACING WORLD

A new generation of triple-rotor-engined RX-7s leads Mazda's research programs in the racing world.

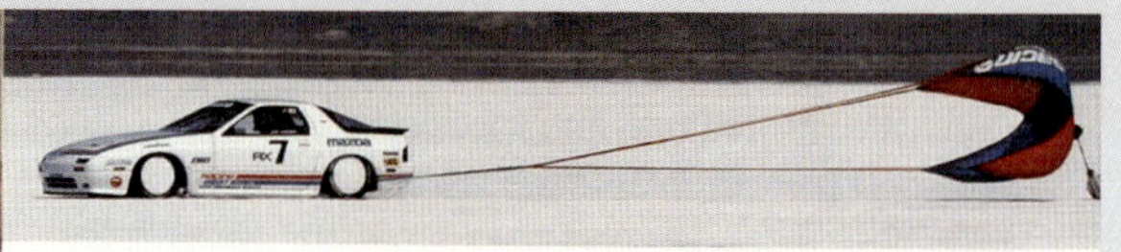

Imagine an auto engine far smaller in displacement than those in most small economy cars–just 80 cubic inches. Now imagine, if you can, that engine–without pistons, and with far fewer parts than conventional engines–generating 500 horsepower in a Mazda RX-7 which achieved better than 238 mph to set a new C/Grand Touring S.C.T.A. land-speed record in the Bonneville National Speed Trials in August, 1986. Both the RX-7 (top right) and its twin-rotor, dual-turbocharged 13B engine were especially prepared for ultra-high performance, of course, but their accomplishment in a non-race effort was the result of nine intensive years of Mazda racing experience.

A NEW TRIPLE-ROTOR GTO.

Now, Mazda's racing research program has entered a new era, with a bevy of *triple-rotor* rotaries in competition in IMSA GTP and GTO classes. And the remarkable triple-rotor engine, shown here, still is smaller than most small-car engines, at 1962 cubic centimeters displacement.

Yet it generates 450 horsepower without turbocharging–and begins a new era in Mazda's ongoing research through racing.

In panels below, you see the new-generation RX-7 GTO racer Roger Mandeville is campaigning in the 1987 IMSA competition, against cars with far larger displacement engines. In addition to its advantages of racing-proved rotary durability and an awesome power-to-displacement ratio, the GTO RX-7 has a customized racing version of RX-7's exclusive Dynamic Tracking Suspension System to provide handling and tracking advantages in high-speed racing maneuvers.

IMSA's GTP class has a triple-rotor racer of another kind, the Mazdaspeed 757, now in its second season of research development. And in both racers, competing in classes where Mazda's twin-rotor engines already have made their reputations for reliability and winning performance, triple-rotor engines are proving themselves anew.

A LEGEND IS BORN IN 1979.

It all began with an audacious Mazda determination to prove its revolutionary and controversial rotary engine, and its new RX-7 sports car, in the merciless world of competitive racing. An arch-prototype of reliability today, the rotary then had been judged "heretic" by engineering professors, "impossible" by other car makers, and a technical challenge that took Mazda 16 patient years of innovative engineering to solve.

Two RX-7s would debut in the 1979 24 Hours of Daytona, against higher-powered Porsches, BMWs, and Datsun Zs in the IMSA GTU class. Twenty-four hours later, they finished 1st and 2nd in class, 5th and 6th overall among 68 entries (46 of which did not finish).

The 1980 season was RX-7's first full season of competition–and when it was over, RX-7 had earned its first GTU championship! In 1981, RX-7 emerged as GTU champion again. Ditto 1982. 1983. 1984. 1985. 1986. And 1987! Eight consecutive GTU championships is a feat unprecedented in IMSA history. And number 1 (at left) and the other RX-7s have made it the winningest single model ever, eclipsing in 1985 the records of the Porsche Carrera RSR.

THE LEGEND GROWS.

The racing world witnessed another rotary debut in 1982, again at Daytona. A single RX-7 with a new and larger 13B rotary was entered in the GTO class, in a field crowded with far higher-powered BMW M-1s, Porsches, and Corvettes. When the checkered flag waved, the winner was RX-7, with only one GTO contender within seven miles. And in the 1983 Daytona GTO event, yet another 13B-equipped RX-7 in *its* maiden race was again the winner. And in its first full season of GTO racing, in 1984, RX-7 emerged *champion!*

Such bravura accomplishments did not go unnoticed. The inherent advantages of a rotary–small, light, high power to displacement, fewer moving parts, and proved reliability–would become important assets in other areas of racing's world.

It is for these reasons that the Mazda rotary engine is the predominant powerplant in IMSA Camel Light GTP class–and Jim Downing's Mazda-Argo was champion in its inaugural 1985 season, and again in 1986.

And, so it was that RX-7 became a formidable force in Sports Car Club of America racing. RX-7 captured SCCA GT2 national championships in 1982, 1983 and 1985–a spectacular feat, considering the competition.

So it was, too, that the RX-7 was twice champion on the SCCA PRO Rally circuit of diabolically torturous open-road endurance races–in 1981 in two-wheel-drive configuration, and in 1985 as a four-wheel-drive RX-7. Now, the new-generation four-wheel-drive RX-7, seen here, will see action in special events such as the famed Pike's Peak Hill Climb.

And so it is, finally, that racing is the quintessential proving ground for Mazda technological advances. And with every Mazda win, the ultimate winner is you.

26 27

米国マツダ発行の1988年型RX-7のカタログに紹介されたレース活動。右上は特別チューンの13B型デュアルターボを積むRX-7で、1986年8月、米国ボンネビル・ナショナルスピードトライアルで383.724km/hを出し、C/GTクラス新記録を樹立。青のNo.1はIMSA・GTUクラス。マツダは1980～1990年まで連続してIMSA・GTUチャンピオンシップを獲得、単一モデルでの記録も1985年にポルシェカレラRSRの通算68勝を抜きトップとなった。右中のNo.7はRX-7・4WD。SCCA（Sport Car Club of America）プロラリーで1981年にRX-7・2WD、1985年にRX-7・4WDがチャンピオンシップ獲得しているが、これはパイクスピーク・ヒルクライムなどを目標に作られたもの。左のエンジンとNo.38は1987年からIMSA・GTOクラスに挑戦した654cc×3ローター450psレーシングエンジンとRX-7・GTOレーサー。

1989年4月、マイナーチェンジで広範囲なリファインが実施された。外観ではフロントエアダムが変更され、ガードモールはボディと同色に、テールランプは丸型に変更された。エンジンは13B型だが205ps（ネット）に強化された。価格は215.8～383.6万円で、マニュアルエアコンは＋17.2万円、ステレオは＋4.6万円であった。
これらの写真は1990年6月発行のカタログだが、この時点でGT-XとGTリミテッドにはポテンザRE71 205/55R16 88Vタイヤが採用された。GT-Rとカブリオレは従来どおり205/60R15 89H。BBS社製鍛造アルミホイールはカブリオレのみに設定されていた。

1989年9月に発売された、RX-7のテクニカル・アドバンスモデルである特別限定仕様車の第5次RX-7 ∞(アンフィニ)。第5次以降のエンジンは同じ13B型ターボだが、排気系のチューニングによって排圧を下げ、標準モデルより+10ps、+0.5kg-mの215ps/6500rpm（ネット）、28.0kg-m/4000rpmの最高出力を得ており、第8次最終モデルまで使われた。シンプルな3本スポークのMOMO製本革フルカバードステアリングホイールはシリーズ全車に採用されている。

RX-7 IMSA 100WINS達成。12年の激闘で掴んだもの。

International Motor Sports Association。この組織が運営するレースがIMSA-GTシリーズである。1年を通して全米各地を転戦し、マシンの速さと信頼性、そしてチームの総合的な戦闘力を競い合う。そのフロンティア精神あふれる開放的な華やかさは、どこか貴族文化的な薫りを残すF1サーカスとは一線を画し、アメリカ国内では「インディ500」で知られるインディカーレースやドラッグレースなどと人気を分け合っている。RX-7は、IMSA GTU・GTOクラスに参戦して以来、12年に渡り居並ぶ強豪に後塵を浴びせ続け、数々の勝利を欲しいままにしてきたマシンである。

RX-7のIMSAデビューは、実に鮮烈であった。'79IMSA-GTシリーズ第1戦「デイトナ24時間レース」。大幅な改造を施されたポルシェ935やBMW3.0CSLなどグループ5のモンスター・マシンを向こうにまわし、トップでチェッカー・フラッグを受けてしまう。以後「強いRX-7」は、イコールコンディションを旨とするIMSAに苛酷ともいえる重量ハンディを課せられながらも(第6戦目からは免除)、シーズン終了時には通算3勝をマークする。量産車ベースで戦うGTU・GTOクラスは、ともすればベースとなる市販車の優秀性がストレートに表れる。特に、エンジンの耐久性・信頼性は勝利の行方を大きく左右するが、RX-7のロータリー・エンジンは、この点においても申し分なく、大きなアドバンテージであったことは間違いない。翌'80からはロータリーというハイポテンシャルエンジンを武器にGTUクラスを席巻。'85にはポルシェカレラRSRの持つ通算68勝という大記録をも打ち破る。そしてマツダは、メーカーとして8年連続マニュファクチャラーズチャンピオンに輝くのである。さらに'90には、それまで使用していたエンジンを高度に進化させた4ローター・ロータリーを投入。RX-7は、遂にIMSA史上初の通算100勝をマークする。マツダのレースに賭ける情熱が、12年の激闘の末に成し遂げた偉業である。

◆1979年3勝◆1980年10勝◆1981年11勝◆1982年15勝(GTO1勝)◆1983年13勝(GTO2勝)◆1984年9勝(GTO2勝)◆1985年7勝(GTO1勝)◆1986年13勝◆1987年11勝◆1988年2勝◆1989年2勝◆1990年4勝(GTO3勝)

1990年9月、米国IMSA（International Motor Sports Association）シリーズ・サンアントニオ45分レースでRX-7が優勝し、IMSA史上初の単一車種による通算100勝という偉業を達成した。これは1990年10月発行のRX-7カタログより引用。

3代目RX-7が発売された翌年の1992年8月、150台限定で発売されたサバンナRX-7カブリオレ・ファイナルバージョン。生産開始は同年10月から行なわれ、12月に2代目最後のモデルとなったカブリオレも生産打ち切りとなった。エンジンは13Bターボ205psでMOMO製本革巻ステアリングホイール、BBS社製ゴールドメッシュタイプのアルミホイールが付く。

第3世代アンフィニ（旧サバンナ）RX-7（1991/12～）

1991年12月、「スポーツカーに、昂る。」のキャッチコピーと共に登場した3代目RX-7。サバンナに代わってアンフィニの名前が付けられた。シーケンシャルツインターボ付13B-REW型255ps（ネット）、前後輪ともオールアルミのダブルウイッシュボーン式サスペンションをはじめ、徹底した軽量化によって、馬力あたり荷重4.9kg（タイプS、5速MT）を達成、理想的な前後重量配分50：50とあわせ、圧倒的な動力性能と運動性能を持つピュアスポーツカーに仕上がっている。外観は獲物を狙う野生動物を思わせる美しさがある。サイズは全長4295mm、全幅1760mm、全高1230mm、ホイールベース2425mm。車両重量1250～1320kg。10モード燃費7.0～7.7km/ℓ。価格は360.0～450.0万円。

3代目RX-7の運転席。正面にフルスケール9000rpmのタコメーターが収まり、メーター類やコントロール用スイッチ類、シフトレバーなどの操作部分はすべてドライバーの方を向いてセットされている。ドアトリムもドライバー側とパッセンジャー側で非対称とするなど、ドライバー優先へのこだわりが感じられる。乗車定員は4名だが、実質2＋2である。

3 代目 RX-7 のモデルバリエーションはタイプ X、R、S の 3 種あり、X と標準的な S には 5 速 MT とロックアップ機構付き 4 速 AT、タイプ R には 5 速 MT が付く。タイプ R は左右非対称の 225/50ZR16 タイヤを履く。

1992 年 10 月、300 台限定で発売されたアンフィニ RX-7 タイプ RZ。Type R ベースの 2 シーターにレカロ社製超軽量フルバケットシート、ピレリー P-ZERO タイヤ、サイズアップダンパーなどを装着、車両重量はタイプ R より 30kg 軽い 1230kg、パワーウエイトレシオ 4.82kg/ps を得たテクニカルアドバンスモデルである。

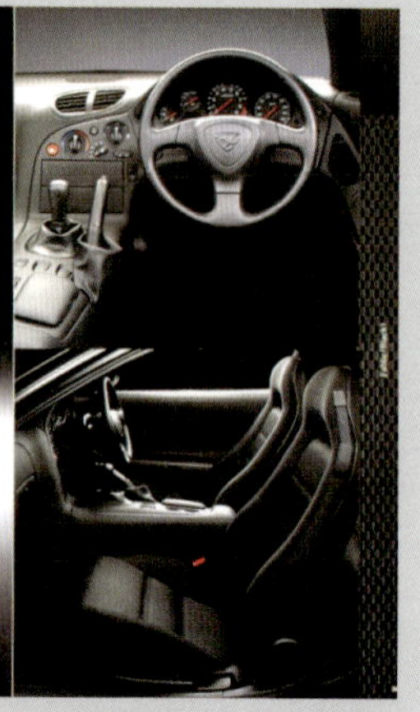

1993年8月、最初のマイナーチェンジで追加設定されたタイプRの廉価版、2シーターのタイプR-Ⅱ。

1995年2月、オーストラリア・シドニー郊外のバサーストで開催される「バサースト12時間耐久レース」で、1992年から3年連続総合優勝したのを記念して発売された特別仕様車RX-7タイプRバサースト。翌月には1995年モデルとしてカタログモデルとなる。価格は328.5万円。

1995年3月、マイナーチェンジを受け「'95イヤーモデル」と明示され、カタログモデルとして発売されたタイプRZ。専用開発されたビルシュタインダンパー、BBS社製軽量高剛性鍛造アルミホイール、ブリヂストン・エクスペディアS-07の235/45ZR17（前）、255/40ZR17（後）を履き、2シーターのシートはレカロ社共同開発フルバケットシート、MOMO社製本革巻ステアリングホイールが付く。エンジンは13B-REW型、255psで変わらず。

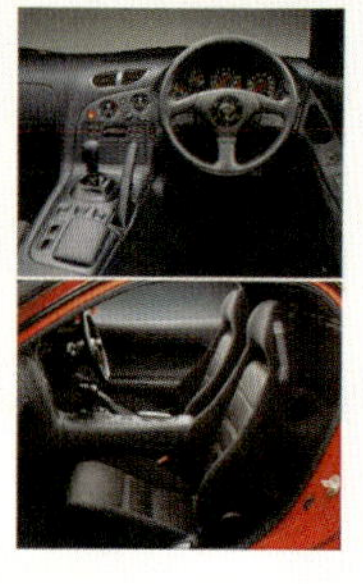

1995年3月、'95イヤーモデルとして新たに戦列に加わったタイプR-S。RZより控えめな装備でシートアレンジは2＋2。BBS鍛造アルミホイールにはサイズは同じだがエクスペディアS-01を履く。ステアリングホイールはMOMO製本革巻3本スポーク。エンジンは13B-REW型、255ps。

1996年1月、マイナーチェンジでテールランプが丸型3連に変更されたRX-7。エンジンはシーケンシャルツインターボ付13B-REW型だが、最高出力は10psアップして265ps/6500rpm（ネット）となった。右のモデルはタイプRBバサーストで、タイヤは前後ともエクスペディアS-07の225/50R16 92Vを履く。タイプRはタイプRBに変更された。

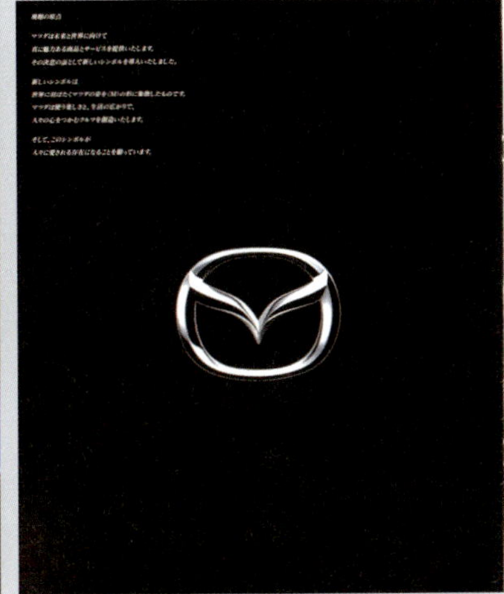

1997年10月、マツダは飛翔の原点として新しいコーポレートマークを採用した。同時にRX-7についていたアンフィニの名前ははずされ、マツダRX-7となった。

1997年10月、ロータリーエンジン生誕30周年を記念して、500台限定で発売されたRX-7タイプRS-R。RX-7の最先鋭モデル、タイプRZ並のスペックを装備した2＋2シーター。この塗色は特別専用色サンバーストイエローで、他に黒が選択可能であった。専用にデザインされたグラフィックが美しいメーターパネルを持つ。価格は362.5万円。

1999年1月、「(4.57kg/PSのロータリースポーツ。これはスペックではなく主義である。)……いま進化の頂点に立つ。」のコピーどおり、空冷式インタークーラー付シーケンシャルツインターボ13B-REW型エンジンのネット最高出力は280psに達した。モデル構成は、2シーターのRZは廃止され、すべて2＋2となった。RSとRには280ps、RB(5速MT)には265ps、RB(4速AT)には255psを積む。運転席周りではターボの過給圧変化を示すブースト計が新設され、タコメーターはピークパワー近辺の6000rpmを12時の位置にセット、ステアリングホイールは370mm ϕ のNARDI社製本革巻が採用されている。

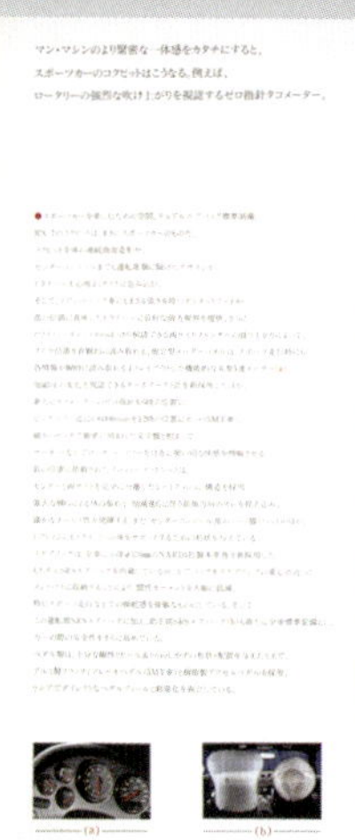

奥から1978年登場の初代SA22C、1985年登場の2代目FC3S、1991年登場の3代目FD3S。「20年目の“Designed by Rotary”は、楽しさに満ちた人車一体感をさらに洗練させながら、280PSを使い切るというリアリズムに即したスポーツカー性能を手に入れたのである。」。1999年1月発行のカタログより。

2002年4月、RX-7の最終モデルとして合計1500台が限定発売された「スピリットR」シリーズ。2002年8月に生産終了となり、24年5ヵ月間続いたRX-7の歴史に幕を閉じた。このあと2003年4月にRX-8が発売されるまでの7ヵ月の間マツダロータリーは初めて休養をとることになる。

スピリットRシリーズのタイプAとB。タイプAは2シーターでレカロ社製軽量フルバケットシートが付く。両モデルとも280ps（ネット）エンジン＋5速MTを積み、BBS社製アルミホイール＋ポテンザS-07の235/45ZR17（前）、255/40ZR17（後）タイヤを履く。

スピリットRタイプCとタイプRバサースト。タイプCは255ps（ネット）エンジン＋ロックアップ機構付き4速ATを積む。タイプRバサーストは280ps＋5速MTを積み、タイヤサイズは前後とも225/50ZR16を履き、パワーウエイトレシオはRX-7史上最少の4.50kg/PSに達した。

3代目RX-7のドライブトレイン。高張力鋼板＋制振鋼板による閉断面を持った軽量高剛性のP.P.F.（パワープラントフレーム）でトランスミッションとファイナルドライブユニットをリジッドに結合することにより、アクセルのオン・オフによるトルク変化を駆動輪にダイレクトに伝達し、より緊密な人車一体感を提供している。

10 YEARS OF L

RX-7［FD3S］の日々。それはマツダの

［FD3S］は、ロータリースポーツというマツダのDNAをひたすらに研ぎ澄まし、これまでに
そのひとつのアプローチとして取り組んできたのが、それぞれの特性を際

Type RZ
（2シーターモデル。限定300台）

●255PS/6500rpm ●レカロ社製超軽量フルバケットシート
●ピレリーP-ZEROタイヤ(225/50ZR16) ●サイズアップダンパー
●ファイナルギアレシオ4.300 ●ボディカラー：ブリリアントブラック

Type R-II BATHURST（限定350台）

●255PS/6500rpm
●トルセンLSD
●ボディカラー：ブリリアントブラック

1992 1993 1994 1995

Type RZ
（2シーターモデル。限定150台）

●255PS/6500rpm ●レカロ社製超軽量フルバケットシート
●エクスペディアS-07タイヤ(フロント235/45ZR17・リア255/40ZR17)
●BBS社製17インチ鍛造アルミホイール ●ビルシュタインダンパー
●強化トルセンLSD ●ファイナルギアレシオ4.300
●ボディカラー：ブリリアントブラック

Type R BATHURST X（限定777台）

●255PS/6500rpm ●2本ステイリアウィング
●MOMO社製本革巻ステアリング ●本革バケットシート(レッド)
●ガンメタリック16インチアルミホイール
●ボディカラー：ブリリアントブラック、シャストホワイト、ヴィンテージレッド

5

ドライバーに至福のときを楽しんでもらうために、開発者が精魂こめて造りあげた3代目RX-7(FD3S)の限定モデルたち。1992年10月のタイプRZから2001年8月のタイプRバサーストRまで8回におよぶ。そして最終限定モデルとして2002年4月、スピリットRシリーズが加わった。

MITED MODELS

ーツDNAを研ぎ澄ます歳月だった。

ドライバーと、比類ないエキサイトメントとエンターテインメントを分かちあってきた。
と限定モデルの開発。1台1台に、[FD3S]の輝かしい歴史が刻まれている。

Type RB BATHURST X (限定700台)
1996.12

●265PS/6500rpm ●フロントスポイラー&プロジェクターフォグランプ
●フローティングリアウィング&リアワイパー ●本革バケットシート(レッド)
●ボディカラー:ブリリアントブラック、シャストホワイト

Type RZ (2シーターモデル。限定175台)
2000.10

●206kW(280PS)/6500rpm ●ビルシュタインダンパー
●ガンメタリックBBS社製17インチ鍛造アルミホイール ●レカロ社製軽量フルバケットシート
●NARDI社製本革巻ステアリング ●本革巻シフトノブ&シフトブーツ&パーキングブレーキレバーブーツ ●ボディカラー:スノーホワイトパールマイカ

1996 1997 2000 2001

Type RS-R (限定500台)
1997.10

●265PS/6500rpm ●専用メーターグラフィック
●クロームメッキメーターリング ●ビルシュタインダンパー
●エクスペディアS-07タイヤ (フロント235/45ZR17・リア255/40ZR17)
●ガンメタリック17インチアルミホイール
●ボディカラー:サンバーストイエロー

Type R BATHURST R (限定500台)
2001.8

●206kW(280PS)/6500rpm ●車高調整式ダンパー(大径ハード)
●カーボン調パネル ●マツダスピードカーボン×アルミシフトノブ
●マツダスピード カーボン×アルミパーキングブレーキレバー
●ボディカラー:サンバーストイエロー、イノセントブルーマイカ、ピュアホワイト

6

1995年の第31回東京モーターショーに出品されたコンセプトスポーツカーRX-01。ドライサンプ化されたMSP（Multi Side Port）ロータリーエンジンは、RX-8に搭載された新世代ロータリーエンジン「RENESIS：新たなるロータリーエンジン（RE）の始まり（Genesis）を意味する」のルーツとなる。またこのクルマで研究された低重心コンセプトはRX-8で現実のものとなった。エンジン出力220ps/8500rpm。サイズは全長4055mm、全幅1730mm、全高1245mm。車両重量1100kg。

1999年の第33回東京モーターショーで発表されたRX-8のコンセプトカーRX-エボルブ。新開発された280psのNA（自然吸気）ロータリーエンジン「RENESIS」を搭載し、まったく新しい4ドア4シータースポーツカーの世界を提案した。サイズは全長4285mm、全幅1760mm、全高1350mm、ホイールベース2720mm。

2001年1月、北米国際オートショー（デトロイトショー）でRX-8のデザインモデルが発表されたが、これは同年2月に開催されたジュネーブショーで配布されたフォルダー。全体のフォルムは量産車に近いが、外観、内装とも細部はだいぶ異なっている。

2001年10月、第35回東京モーターショー参考出品車として登場したRX-8。1999年に登場したコンセプトカーRX-エボルブのデザインは、チーフデザイナー前田育夫の手によってさらに躍動感あふれるものに研ぎ澄まされている。細部を除いてほぼ量産モデルに近いが発売までさらに1年半熟成される。それにしても展示車両が左ハンドルということは、このクルマのメインターゲットが米国市場であることが想像できる。

予約販売をはじめた2003年1月に発行された、20頁に及ぶ立派なRX-8の日本語版プレカタログ。クルマは左ハンドルの米国仕様プロトタイプだが、これは国内仕様のタイプSに相当する。サイズは全長4435mm、全幅1770mm、全高1340mm、ホイールベース2700mm。エンジンはNA（自然吸気）のRENESISハイパワー13B-MSP（6PI）型250ps（ネット）で、6速MTを積む。サスペンションは前輪がダブルウイッシュボーン、後輪はマルチリンク。タイヤは225/45R18 91Wを履く。

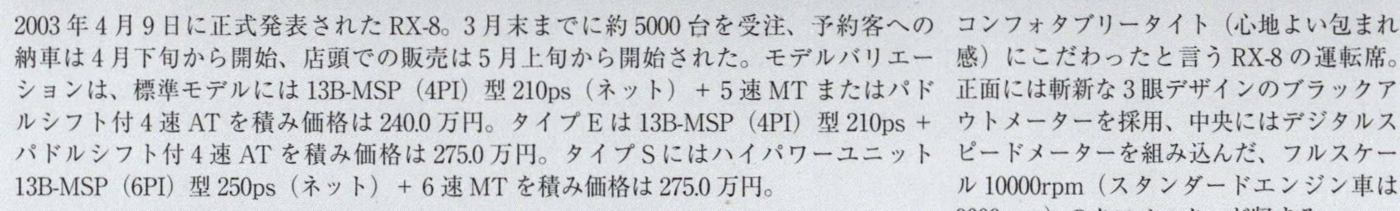

2003 年 4 月 9 日に正式発表された RX-8。3 月末までに約 5000 台を受注、予約客への納車は 4 月下旬から開始、店頭での販売は 5 月上旬から開始された。モデルバリエーションは、標準モデルには 13B-MSP（4PI）型 210ps（ネット）＋ 5 速 MT またはパドルシフト付 4 速 AT を積み価格は 240.0 万円。タイプ E は 13B-MSP（4PI）型 210ps ＋パドルシフト付 4 速 AT を積み価格は 275.0 万円。タイプ S にはハイパワーユニット 13B-MSP（6PI）型 250ps（ネット）＋ 6 速 MT を積み価格は 275.0 万円。

コンフォタブリータイト（心地よい包まれ感）にこだわったと言う RX-8 の運転席。正面には斬新な 3 眼デザインのブラックアウトメーターを採用、中央にはデジタルスピードメーターを組み込んだ、フルスケール 10000rpm（スタンダードエンジン車は 9000rpm）のタコメーターが収まる。

RX-8 のスポーツカーフォルムの中に大人 4 人が乗れる、独創的な 4 ドア 4 シーターパッケージを示したページ。センターピラーレスの観音開きドアを開けたときの最少開口部は約 900mm ある。

RX-8発売と同時に多くのオプションパーツが用意されていた。これはマツダスピードのディーラーオプション部品を使ってカスタマイズしたサンプル。

下は米国で発行された2005年型RX-8のカタログ。コラムニストの天野祐吉氏が「CMは表現だ。説明じゃない。」と書いておられたが、これなど良い見本となろう。「運転するよろこびの再発見。」人物とクルマの表情がなんとも言えない。

RX-8に搭載されるRENESISエンジン。自然吸気でありながら、ハイパワーユニット13B-MSP（6PI）型654cc × 2ローターは250ps（ネット）、スタンダードユニット13B-MSP（4PI）型は210ps（ネット）を発生する。オイルパンを従来型REの半分程度の約40mmに薄くし、エンジンを40mm下方にレイアウトして低重心化を可能とした。

「操縦には、直線路を移動する以上の何かが必要。」と訴え、周りにはエンジン、燃料タンクなど重量物を車両重心に近づけてヨーイング慣性モーメントを小さく、REの特性を活かした低重心化、前後荷重配分50%：50%など運動性能向上の仕掛けをイラストで見せている。

「比類ない。」国内版の「A Sports Car Like No Other MAZDA RX-8」と表現は違うが訴求内容は同じ。何が違うのか？ が一目でわかるよう RE の断面と作動についてイラストで見せている。238ps + 6 速 MT と 197ps + 4 速 AT の 2 モデルが設定されていた。

「ひとたびギアを入れて発進すれば抜かりは無い。」ということか？ 3 代目 RX-7 同様、トランスミッションとファイナルドライブユニットは P.P.F.（Power Plant Frame）で一体化されており、トルク変動による駆動系のねじれを無くしてパワーロスを防いでいる。

「フリースタイル」ドアシステムの良さを訴え、「走ればレーダーガンでも捕捉できない。」ほど速いと訴求している。誇大宣伝にならないのか気になるところだが。

「お友達も便乗できる。」大人４人が快適に乗れるスペースを確保している。センタートンネル上部に、前から後ろまで同じ高さで高剛性閉断面のハイマウントバックボーンフレームを通し、センターピラーレスでありながら高いボディ剛性を確保している。

2004年８月に発表され、購入予約受付を開始したRX-8マツダスピードバージョンII。前年８月に限定300台で発売されたRX-8マツダスピードバージョンの進化モデルで、RX-8 Type Sをベースに、新開発の専用パーツ、マツダスピードの市販パーツを利用して、エンジン､サスペンション､外観などのチューニングを施したメーカーコンプリートモデルである。価格は383.25万円。限定180台で、デリバリーは2004年10月であった。RX-8ベース車両は2004年次RJCカーオブザイヤーを受賞、同車に搭載された新型ロータリーエンジン「RENESIS」は2004年次RJCテクノロジーオブザイヤーを受賞している。

RX-8には多くの限定・特別仕様車が発売されたが、これは2004年11月に発売された特別仕様車RX-8スポーツ・プレステージ・リミテッド。専用レザーシートほか上質な内外装、専用サスペンションにより乗り心地と操縦安定性を進化させている。250ps ＋６速MTおよび210ps ＋４速ATがあり、AT車にもMT車と同じ225/45R18 91Wタイヤが付く。価格は315.0万円。

これはマツダ E&T(Engineering & Technology) 社が架装したマツダスピード M' z チューン。外観のエアロパーツのほか、ビルシュタイン社製車高調整式ショックアブソーバー＋専用スプリング、アルミホイール、エンジン用フライホイール、マフラー、ブレーキパッド、前席は 3 次元立体編物技術を活用した軽量、強靱でクッションの厚さがわずか 6cm の 3D ネットシートなどでチューニングされている。エンジン出力は架装車のため記載なし。価格は 383.25 万円。

2007 年 9 月、Mazda Motors UK Ltd. から 400 台が限定発売された、マツダ RX-8 40th Anniversary Limited Edition。ロータリーエンジン技術におけるマツダ主導の革新 40 周年を記念したモデル。専用スポイラー、専用 18 インチアロイホイール、ブルーレンズ付きフォグランプ、専用バッジ、ブラックレザーとストーンアルカンタラシート＆ストーン色ドアトリムなどを装着する。エンジン最高出力は 231ps/8200rpm で 6 速 MT を積む。価格は 2 万 4495 ポンド。0 － 62mph(99.78km/h) 加速 6.4 秒、最高速度 146mph(235km/h)。

左側のモデル（青色）は2008年3月、ビッグマイナーチェンジで内外装のリファインを行なうと同時に、新たに戦列に加わったタイプRS。ビルシュタイン社製ダンパー、19インチ鍛造アルミホイール＋225/40R19 89Wタイヤを履く。前席にはレカロ社製バケットシートを採用し、価格は315.0万円。右側のモデル（黒色）はビッグマイナーチェンジを受けたタイプSで、タイヤは225/45R18 91Wを履き、価格は294.0万円。両モデルともハイパワー13B-MSP(6PI)型235psエンジン＋新型6速MTを積む。全車リアコンビランプにLEDが採用された。

2008年3月時点のタイプRSの運転席。センターパネル部分が変更を受けている。タコメーターには始動直後のオーバーレブを避けるため、エンジン水温に応じてレッドゾーンを3段階に可変表示する、可変レッドゾーンシステムが採用された。

2009年5月、機種体系の見直しによってベース機種呼称がタイプGとなった。AT車のタイプEの297.0万円に対し、同じスタンダードエンジン13B-MSP(6PI)型215ps＋パドルシフト付6速ATを積んで263.0万円という手頃な価格設定としている。AT車のタイヤサイズは225/50R17 94W。

米国マツダ発行の2009年型RX-8のカタログ。国内の2008年3月時点の変更が反映された仕様となっている。国内のタイプRSに相当するのはR3で6速MTのみ、他にスポーツ、ツーリング、グランドツーリングが設定され、いずれもハイパワーエンジン＋6速MTまたはスタンダードエンジン＋6速ATが選択可能となっている。

2009年型RX-8カタログの1ページ。RX-8は米国Grand-Am Rolex Sports CarシリーズのGTクラスに参戦、これは2008年デイトナ24時間レースでクラス優勝したマシーンで3ローター400psエンジンを積む。そして、2010年9月、Grand-Am GTクラスのマニュファクチャラーズ／ドライバーズチャンピオンを獲得した。

英国仕様2010年型RX-8のカタログ。設定モデルはR3のみで国内のタイプRSに相当する。エンジン最高出力は231ps/8200rpmで6速MTを積む。価格は2万5540ポンド。欧州でのRX-8販売を終了するが、2010年8月27日付で送られてきたマツダUKの広報資料によると在庫は100台を切っており、既に完売したと思う。2003年の発売以来英国で販売されたRX-8は約2万6000台で全体の約14%に相当する。

2011年10月に発表され、11月に発売されたRX-8最後の特別仕様車RX-8 SPIRIT R（MT車）。SPIRIT RにはSRSエアバック（カーテン&フロントサイド）、レッド塗装のブレーキキャリパー、ブラックベゼルのヘッドランプ&フロントフォグランプ&リアコンビランプ、SPIRIT R専用オーナメントなどを装備するほか、Type RSをベースとした6速MT車には、13B-MSP型235ps/22.0kg-mエンジンを積み、ハードサスペンション（ビルシュタイン社製ダンパー）、RECARO社製バケットシート、225/40R19 89Wタイヤ+19インチブロンズ塗装アルミホイールが装備された。価格は325万円。

Type Eをベースとした RX-8最後の特別仕様車RX-8 SPIRIT R（AT車）。AT車には13B-MSP型215ps/22.0kg-mエンジンを積み、スポーツサスペンション、黒の本革シート、225/45R18 91Wタイヤ+18インチガンメタ塗装アルミホイールなどが装備された。価格は312万円。

SPIRIT Rのほか唯一カタログにラインアップされたType G。13B-MSP型215ps/22.0kg-mエンジン+6速ATを積み、SRSエアバックは標準装備だが、カーテン&フロントサイドはメーカーオプション。タイヤは225/50R17 94Wを履き、価格は263万円。

RX-8最後の特別仕様車RX-8 SPIRIT R（MT車）の室内。RX-8の生産は2012年6月に終了した。2003年に発売されたRX-8は海外向けを含めて19万3318台生産された。

米国マツダ発行の2011年型RX-8のカタログ。グレードは標準モデルのほかにグランドツーリングとR3があり、いずれも232ps/159lb-ft(22.0kg-m)エンジン+6速MTあるいは212ps/159lb-ft+6速ATが選択可能であった。グランドツーリングにはダイナミックスタビリティコントロール（DSC)、ヒーター付きフロントシート、電動ガラスムーンルーフなど豊富な仕掛けが付き、R3にはDSC、Bilstein®ショックアブソーバー+スポーツサスペンション、Recaro®フロントシート、P225/40R19タイヤ+鍛造アルミ合金ホイール（ほかのグレードは18インチタイヤ装着）などを装備している。

● MX-30 Rotary-EV（2023/11～）●

2023年9月14日から予約受注を開始し、11月に発売されたMX-30 Rotary-EV。MX-30は、マツダの電動化を主導するモデルとして、バッテリーEV（BEV）とマイルドハイブリッドモデルを国内に導入してきたが、MX-30 Rotary-EVはBEVとして使える107kmの走行距離を備え、ロータリーエンジンによる発電によってさらなる長距離ドライブにも対応できるシリーズ式プラグインハイブリッドモデルで、発電用エンジンは8C-PH型830cc×1ローター53kW(72ps)/4500rpm、112N-m(11.4kg-m)/4500rpm、駆動用モーターはMV型交流同期電動機、定格電圧355V、定格出力60.0kW、最高出力125kW(170ps)/9000rpm、最大トルク260N-m(26.5kg-m)/0～4481rpm。価格は423.5～491.7万円。

個性的なセンターピラーの無い、センターオープン式フリースタイルドアを持つMX-30。サイズは全長4395mm、全幅1795mm、全高1595mm、ホイールベース2655mm。車両重量1780kg、乗車定員5名。

MX-30 Rotary-EV MODELS

おクルマ選びを楽しんでいただくために、3つのグレードをご用意しました。

Edition R【 特別仕様車 】

Photo:Edition R
Body Color:マローンルージュメタリック/ジェットブラックマイカ(2トーン)

Natural Monotone
Modern Confidence
Industrial Classic

Photo:Natural Monotone
Body Color:ジルコンサンドメタリック(2トーン)

Rotary-EV

Photo:Rotary-EV
Body Color:セラミックメタリック

グレードは3種類で、特別仕様車のEdition R（491.7万円）、Natural Monotone/Modern Confidence/Industrial Classic（3種類あるが、シート表皮の材質と色が異なる）（478.5万円）、エントリーモデルとしてRotary-EV（423.5万円）。

MX-30 Rotary-EVの透視図。ロータリーエンジン、発電機、駆動用モーターを同軸上に組み込んだコンパクトな電駆ユニットをBEVモデルと同じ車体フレームに搭載している。

●水素ロータリーエンジン車（1991/10～）●

1991年10月、第29回東京モーターショーに登場した、最初の水素RE搭載のコンセプトカーHR-X。エンジンは499cc × 2ローター100psをリアミッドシップに積み、水素電池と電気モーターを併設したハイブリッド車。水素タンクには水素吸蔵合金が使われていた。

1993年10月の第30回東京モーターショーに登場した、水素RE搭載のコンセプトカーHR-X2。エンジンは13B型をベースにしており、654cc × 2ローター130psを横置きFFにセットしている。駆動用モーターは積まず、水素吸蔵合金タンクによる水素燃料のみでの航続距離は230km（60km/h定地走行）であった。このクルマはリサイクル性にも優れ、マツダが独自に開発した、再利用を繰り返しても強度が低下しない「液晶ポリマー強化プラスチック」を採用している。見かけによらず空力特性にすぐれ、Cd値0.30を実現している。

1993年に試作された499cc × 2ローター100psの水素REを積んだMX-5（国内名ロードスター）。ベースは輸出仕様の左ハンドルである。

1995年に登場した水素RE搭載のカペラカーゴ。654cc × 2ローター125psを積み、日本初の公道試験走行を実施した。試作台数は2台で、新日本製鐵株式会社と共同で4年間に約4万km走行した。

2003年10月の第37回東京モーターショーに登場した水素RE車RX-8ハイドロジェンRE。水素でもガソリンでも走行可能なデュアル・フューエルシステムを採用、エンジン出力はガソリン使用時210ps/7200rpm、22.6kg-m/5000rpm、水素使用時（目標値）110ps/7200rpm、12.2kg-m/5000rpmであった。航続距離（10・15モード）は水素使用時100km、ガソリン使用時549km。

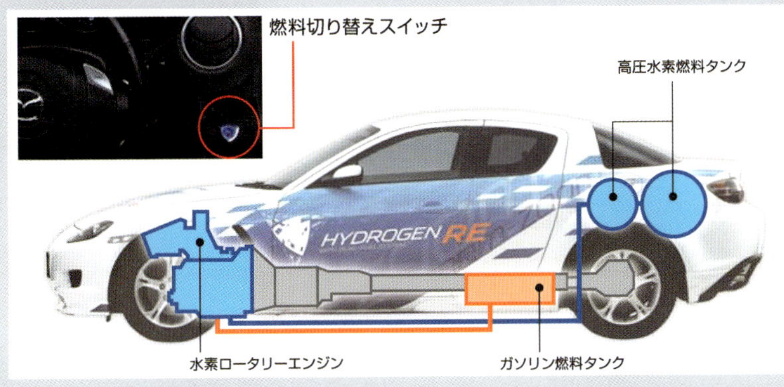

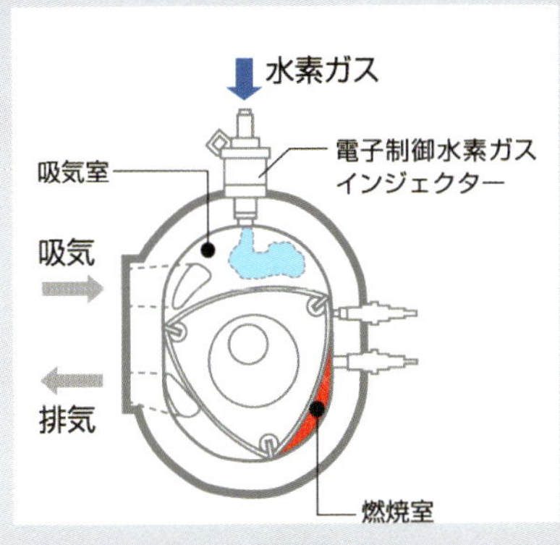

従来の実験車と大きく違うのは、水素吸蔵合金タンクをやめて高圧水素タンクを採用したこと。走行中でもスイッチ操作で水素モードからガソリンモードに切り替えが可能。水素が無くなった場合には自動的にガソリンモードに切り替わる。

ローターハウジングの頂上に設けた1ローターにつき2本の電子制御ガスインジェクターで水素を吸気行程室内に直接噴射する方式を採用している。

2009年4月にはノルウェーの国家プロジェクトであるハイノール(HyNor：Hydrogen Road of Norway)と共同でRX-8ハイドロジェンREによる同国の公道走行を開始したが、これは2008年10月に現地で撮影されたモニター車である。

2005年10月、第39回東京モーターショーに参考出品されたプレマシーハイドロジェンREハイブリッド。搭載できる車種の可能性を大幅に広げるため、水素REをFF車用に再設計したうえで、ハイブリッドシステムと組み合わせたもの。水素でもガソリンでも走行可能なデュアル・フューエルシステムを採用している。

Reference exhibit — 参考出品車（リース予定車）

未来の"Zoom-Zoom"への新たなアプローチ。
新型マツダプレマシーハイドロジェンREハイブリッド

A fresh approach to the future of Zoom-Zoom
New Mazda Premacy Hydrogen RE Hybrid

将来に向けて、走りの歓びと優れた環境性能をより高次元で調和させた、マツダならではの"Zoom-Zoom"なパワートレインのひとつとして開発を進めているのが、水素ロータリーエンジンです。水素は燃やしてもCO_2を排出しないという優れた環境性能を持つとともに、内燃機関特有の自然な運転フィールを実現しています。今回参考出品する新型マツダプレマシーハイドロジェンREハイブリッドは、ガソリンでも走れるデュアルフューエルシステムなどRX-8ハイドロジェンREの特徴を引き継ぎながら、水素ロータリーエンジンの改善と新発想のハイブリッドシステムの採用などにより、実用面や走りを大幅に進化。2008年度のリース販売を目指して開発しています。

Thanks to its combination of Mazda's trademark Zoom-Zoom performance and excellent environmental efficiency, the hydrogen rotary engine (Hydrogen RE) is one of the leading lights in Mazda's efforts to develop the power plant of the future. Burning hydrogen, which does not produce any CO_2, the New Mazda Premacy Hydrogen RE Hybrid combines exceptionally clean performance with the driving characteristics of a vehicle powered by a conventional gasoline internal combustion engine.
The New Mazda Premacy Hydrogen RE Hybrid that Mazda is exhibiting at this year's Tokyo Motor Show is currently under development, and scheduled to commence leasing in 2008. Incorporating the dual-fuel system of the RX-8 Hydrogen RE, it is a further evolution in terms of practical use and driving performance thanks to improvements in the Hydrogen RE and the use of a new hybrid system.

14

2007年10月の第40回東京モーターショーに参考出品されたプレマシーハイドロジェンREハイブリッド。2009年3月25日からリース販売を開始した。駆動ユニットの出力をRX-8ハイドロジェンREに比べ約40％改善し、加速性能の大幅な向上を図った。水素使用時の航続距離は約200km。

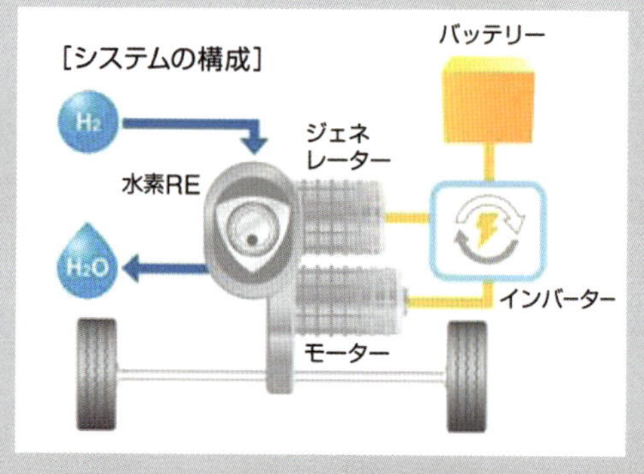

ハイブリッドシステムの主な構成要素は、水素RE、ジェネレーター、インバーター、モーター、バッテリーで、運転状況によって発電、充電、放電が最適にコントロールされる。

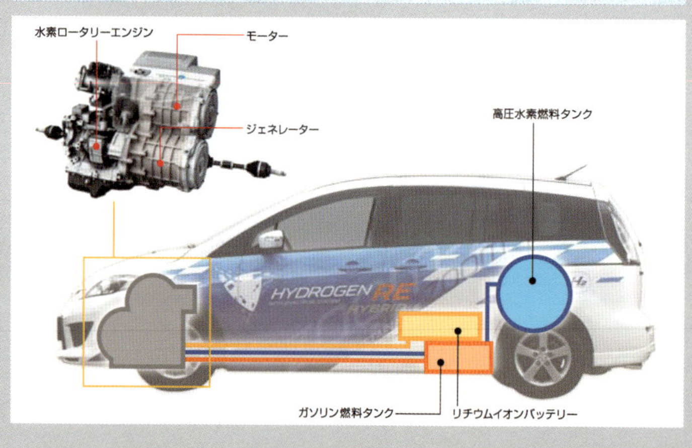

プレマシーハイドロジェンREハイブリッドのシステム図。エンジンとハイブリッドユニットをフロント横置きとしたFFレイアウトを採用し、2列目シート下に高電圧バッテリーを、3列目シートのスペースに水素タンクを設置、定員5名のスペースとリアラゲッジスペースを確保している。モーター出力は110kwでアクセルを踏むとエンジンとモーターが同期した力強い加速が得られる。

●ル・マン総合優勝（1991/6）●

59e 24Heures du Mans '91
ル・マン、マツダ総合優勝

GITANES

mazda

1991年6月23日午後4時、第59回ル・マン24時間耐久レースで念願の総合優勝を果たしたマツダ787B。No.18は総合6位入賞の787B。1974年、マツダスピードの前身であるマツダオート東京が「シグマMC74」で初参加、次が1979年、そして1981年から毎年挑戦を続け、13回目にして手にした栄冠であった。しかも1992年から参加車両規格の変更でREの参加が認められなくなるため、最後のチャンスであった（マツダ発行の冊子および「POLE POSITION」Vol.25より）。

History of an All-Conquering Chassis

マツダ787Bシャシー開発の足跡

エンジンを別にすれば、ル・マンの優勝車マツダ787Bとその前身の757や767などとの違いは、実際のところさほど大きくはない。なぜなら、マツダスピードは、マシンの基本コンセプトを年ごとに大きく変えるよりも、理に適った進化と丹念な熟成という方針をとったからだ。'86年にデビューしたマツダ757の設計図に最初の線が引かれたのは、イギリス人デザイナー、ナイジェル・ストラウドのスタジオでのことだった。この757はその後のマシンの原型となった。

Nigel Stroud Talking about the 787B

MAZDA 787B SPECIFICATIONS

[ENGINE]
- Type: Mazda R26B rotary
- Capacity: 654cc × 4 rotors
- Max. power: 700ps at 9,000 rpm
- Max. torque: 62kg-m at 6,500 rpm

[TRANSMISSION]
- Gearbox: Mazda-Porsche 5 speeds+reverse
- Clutch: Borg & Beck triple plate

[CHASSIS]
- Type: Monocoque Carbon composite chassis
- Front suspension: Fully floating front inboard damping with pullrod and coil springs
- Rear suspension: Locker-operated overhead inboard damping with lower wishbone and coil springs
- Brakes: Brembo calipers and Carbone Industries 14" dia. outboard carbon discs
- Dampers: Bilstein
- Wheels: Rays-Volk Front: 12 × 18 Rear: 14.75 × 18
- Tyres: Dunlop Front: 300-640-R18 Rear: 355-710-R18

[DIMENSIONS]
- Length: 4,782mm
- Width: 1,994mm
- Height: 1,003mm
- Wheelbase: 2,662mm
- Front track: 1,534mm
- Rear track: 1,504mm
- Weight: 845kg

ル・マン優勝車787B。1986年、英国のデザイナー、ナイジェル・ストラウドの設計したマツダ757を基に、彼の指揮のもと進化と熟成を加え完成した。エンジンはR26B型654cc×4ローター700ps/9000rpm、62kg-m/6500rpm。サイズは全長4782mm、全幅1994mm、全高1003mm、ホイールベース2662mm。車両重量845kg（「POLE POSITION」Vol.25より）。

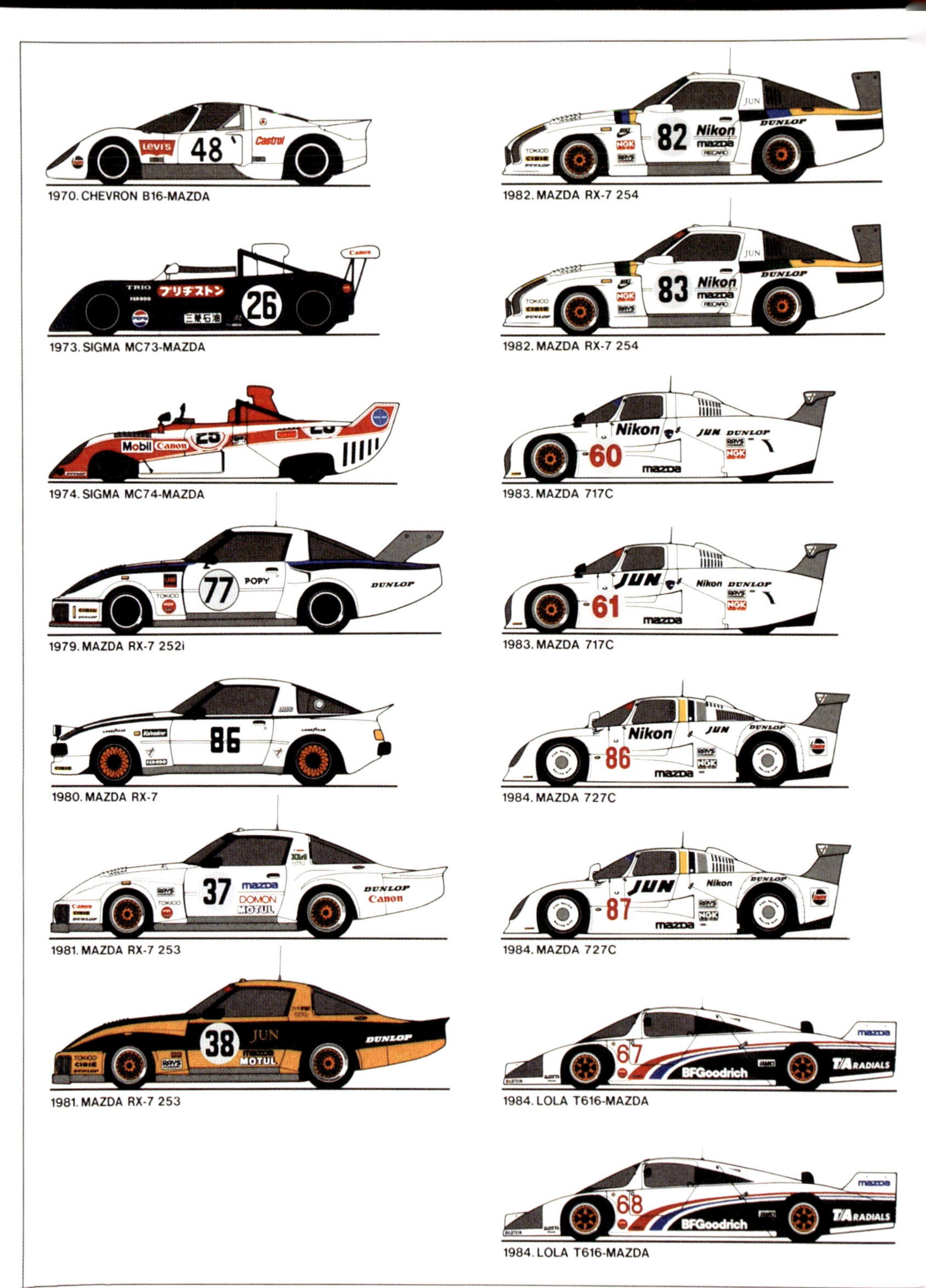

ル・マンに挑戦したマツダのロータリーレーサーたち。1974 年、1979 年、さらに 1981 年からがマツダワークスとして参戦したマシーン(「POLE POSITION」 Vol.22 より)。

970-1990

85. MAZDA 737C

85. MAZDA 737C

86. MAZDA 757

986. MAZDA 757

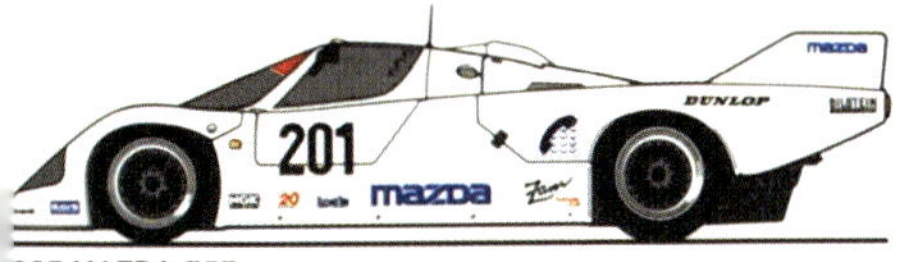

987. MAZDA 757

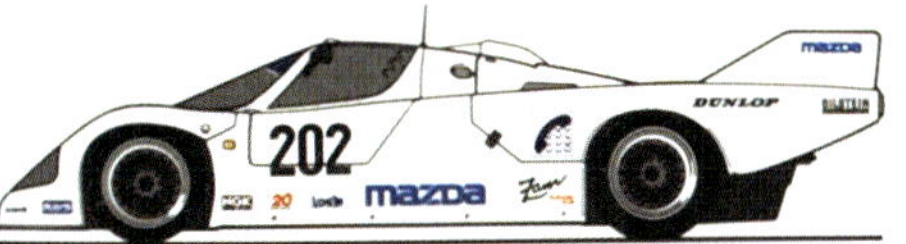

987. MAZDA 757

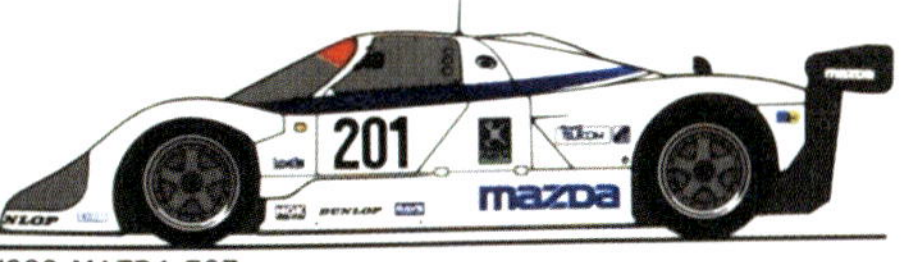

1988. MAZDA 767

1988. MAZDA 767

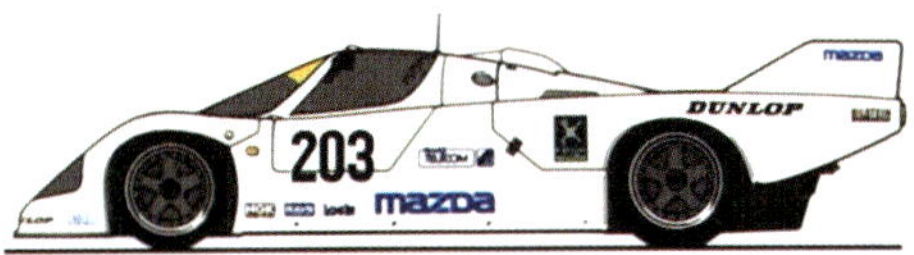

1988. MAZDA 757

1989. MAZDA 767B

1989. MAZDA 767B

1989. MAZDA 767B

1990. MAZDA 787

1990. MAZDA 787

1990. MAZDA 767B

Illustrated by Haruhisa Yamamoto & CHUO AD Co. 23

●その他の RE コンセプトモデル●

1970年10月の第17回東京モーターショーで発表されたRX-500。マツダの創業50周年を記念して命名され、公表されなかったが開発コンセプトはコスモスポーツの後継車であった。エンジンは10A型491cc × 2ローター250ps以上/8000rpm。最高速度200km/h以上。全長4330mm、全幅1720mm、全高1065mm、ホイールベース2450mm。車両重量850kg。後姿の個体は、2009年にマツダと広島市の協力のもと、広島市交通科学館により約30年ぶりに修復され、2009年10月の第41回東京モーターショーに展示されたもの。

1971年10月の第18回東京モーターショーで発表されたRX-510。1971年9月に発売されたサバンナの販売促進を狙って用意されたショーモデル的存在。量産型サバンナクーペをベースにカスタマイズされたもの。

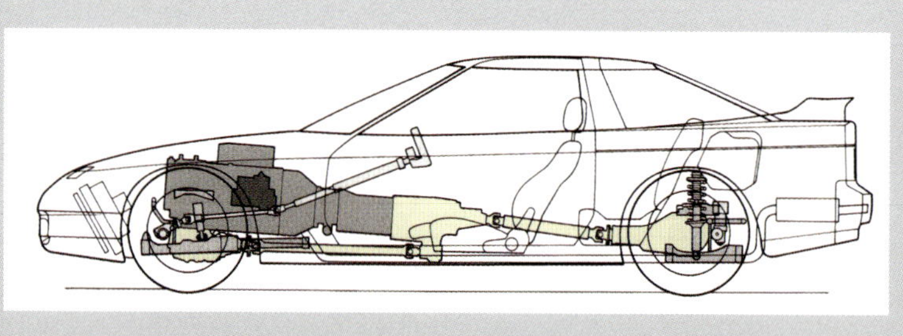

1985年10月の第26回東京モーターショーで発表されたコンセプトカーMX-03。全長4510mm、全幅1800mm、全高1200mm、ホイールベース2710mm。車両重量1150kg（目標値）。空気抵抗係数Cd=0.25の低く、ワイドなボディに、ツインスクロールターボ付654cc × 3ローター320ps/7000rpm、40kg-m/3800rpmエンジンをフロントミッドシップに搭載。4速ATとトルクスプリット機構付フルタイム4WD、4WSなど先進技術を取り入れた4シーターのスポーツクーペで、ユーノスコスモ、3代目RX-7に活かされている。

1987年10月の第27回東京モーターショーで発表されたコンセプトモジュラースポーツMX-04。1台のシャシーで、その時の気分に応じて異なるボディフォルムを楽しめると言う提案。写真手前から時計回りにロードスター、ベースシャシー、セミカウルシャシー、スポーツクーペ。スポーツクーペは全長3830mm、全幅1690mm、全高1170mm、ホイールベース2250mm。車両重量850kg（目標値）。エンジンは10A型と同じ排気量のRE10X型491cc × 2ローターだが、サイドハウジング、ローターのアルミ化などによって約30kgの重量軽減を達成、さらに軽量アルミローターとセラミックアペックスシールの採用で10000rpmという高回転も可能とし、慣性重量軽減によりスロットルレスポンスも大幅に向上している。

2005年10月の第39回東京モーターショーで発表されたコンセプトカー「先駆（せんく）」。近未来の4シーターロータリースポーツの提案。大開口スライドドア「フライング・ウイング」を持つ革新的なボディに、ガソリン直噴の13B-DI型ロータリーエンジンにマツダ独自のハイブリッドモーターシステムを搭載している。トランスミッションは乾式ツインクラッチ7速パワーシフトを積む。全長4650mm、全幅1850mm、全高1400mm、ホイールベース3100mm。タイヤは235/40 R22を履く。2006年にパリの「Festival Automobile International」で「Grand Prix du Plus Beau Concept Car」を受賞している。

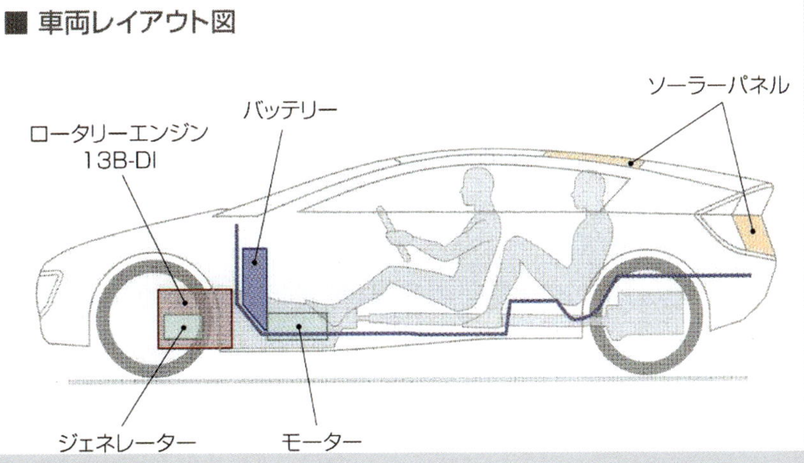

マツダ大気 —「Nagare」デザインのクライマックス。
Mazda Taiki Concept — aimed at helping create a sustainable society

Mazda Taiki reflects one possible direction for a future generation of Mazda sports cars aimed at helping create a sustainable society. The fourth concept car in the Nagare design series, Mazda Taiki further evolves the "flow" theme to establish a breathtaking presence that clearly distinguishes it as the culmination of the series, and to visually express the atmosphere — called taiki in Japanese — that wraps the Earth in its protective belt. The next-generation RENESIS ("16X" rotary engine) sets new standards for environmental and driving performance and serves as the base for pursuing the sports packaging that is synonymous with the Mazda name and unbeatable aerodynamic performance. From stem to stern the Mazda Taiki concept represents the culmination of the Nagare design series, while standing as a life-size icon indicating the road to the Mazda sports cars of the future.

エクステリアは、美しくたなびく羽衣。

Hagoromo exterior embodies celestial robes waving on a breeze

To give form to the concept of a next-generation Mazda sports icon that operates in harmony with our planet's environment, the challenge became to create "a design that visually expresses the flow of air". This inspired the image of a pair of *Hagoromo* – the flowing robes in Japanese legend that enable a celestial maiden to fly – floating down from the sky. The lower of the layered hagoromo flows from the front fenders to the sides, where it wraps under the body and gracefully curves up at the rear. The other hagoromo flows from the hood through the shoulder lines it etches, past the unique independent rear fender design, and lends a seductive curve to the rear deck. The fusion of these flowing upper and lower surfaces not only creates a visual depiction of flowing air, well-toned appearance, as well as creating a sense of floating lightly on air. The design also achieves an excellent drag coefficient of 0.25 and zero lift.

2007年10月の第40回東京モーターショーで発表されたコンセプトカー「大気（たいき）」。「流（ながれ）」「流雅（りゅうが）」「葉風（はかぜ）」に続く「Nagare」デザインの第4弾として、チーフデザイナー山田敦彦率いる横浜のデザインチームによって制作され、次世代スポーツカーのひとつの方向性を提示している。エンジンは熱効率の向上と全域トルクアップを目指して、トロコイド半径と偏心量の拡大とローターハウジング幅の縮小によってロングストローク化した次世代RENESISの16X型800cc × 2ローターを積む。全長4620mm、全幅1950mm、全高1240mm、ホイールベース3000mm。タイヤは195/40 R22を履く。

2008年1月の北米国際自動車ショー（NAIAS: North American International Auto Show、通称デトロイトモーターショー）で発表されたコンセプトカー「風籟（ふうらい）」。2006年にロサンゼルスで発表した「流」に始まる「Nagare」デザインの第5弾として、カリフォルニア州アーバインにあるマツダのデザインスタジオで制作され、レース参戦や量産計画はないものの、シャシーはアメリカンルマンシリーズ（ALMS）のLMP-2耐久レースで活躍したクラージュC65を使い、ボディはエイリア・グループ社が製作した。エンジンは3ローターのR20B型450ps/9000rpmで、燃料はE100（100%エタノール）を使用している。

2015年10月、東京ビッグサイトで開催された第44回東京モーターショーで世界初公開された、マツダの「飽くなき挑戦」を象徴するロータリーエンジン（RE）を搭載したスポーツカーのコンセプトモデル「Mazda RX-VISION」。デザインテーマ「魂動（こどう）：Soul of Motion」にもとづき、マツダが考える最も美しいFRスポーツカーの造形に挑戦するとともに、次世代REの「SKYACTIV-R」を搭載した、マツダがいつか実現したい夢を表現したモデルであった。サイズは全長4389mm、全幅1925mm、全高1160mm、ホイールベース2700mm。乗車定員2名。タイヤ前／後245/40 R20／285/35 R20。

2020年5月、マツダは株式会社ポリフォニー・デジタルと共同で開発した「MAZDA RX-VISION GT3 CONCEPT」を『グランツーリスモ SPORT』ゲーム上でオンライン提供を開始した。『MAZDA 100周年 RX-VISION GT3 CONCEPT タイムトライアルチャレンジ』には全世界から1万8000名を超えるプレーヤーが参加した。

2023年10月、東京ビッグサイトで開催されたジャパンモビリティショー2023で世界初公開された、コンパクトスポーツカーコンセプト「Mazda ICONIC SP（マツダアイコニック エスピー）」。水素など様々な燃料を燃やせる拡張性の高いロータリーエンジンを活用した、2ローターRotary-EVシステムを積む。鮮やかな赤の外板色VIOLA REDはコンセプトカラー。サイズは全長4180mm、全幅1850mm、全高1150mm、ホイールベース2590mm。車両重量1450kg。最高出力370ps。写真の人物はマツダの代表取締役社長 兼 CEO 毛籠勝弘。

ロータリーエンジンの歴史年表

年	月・日	モデルの変遷	月・日	トピック
1588年 (天正16年)	—	イタリアの技術者ラメリー、ロータリーピストン式揚水ポンプを発明		
1636年 (寛永13年)	—	フランスのパッペンハイム、歯車ポンプを発明		
1769年 (明和6年)	—	イギリスのジェームズ・ワット、ロータリー蒸気機関を考案		
1799年 (寛政11年)	—	イギリスのマードック、ロータリー蒸気機関の試作に成功		
1901年 (明治34年)	—	イギリスのクーレイ、内外2つのローターが回転するロータリー蒸気機関を製作		
1908年 (明治41年)	—	イギリスのウンプレービィ、内外2つのローターが回転するロータリー内燃機関を試作		
1920年 (大正9年)			1月30日	東洋コルク工業設立(現マツダ)
1923年 (大正12年)	—	スウェーデンのワリンダー、スクーグ、ルンドビーの共同研究		
1927年 (昭和2年)			9月17日	東洋コルク工業、東洋工業と改称(現マツダ)
1931年 (昭和6年)			10月 —	東洋工業(現マツダ)、三輪トラック生産開始
1938年 (昭和13年)	—	フランスのサンソー・ド・ラブー、星型ロータリーエンジンを試作		
1941年 (昭和16年)			12月 8日	日本、ハワイ真珠湾空襲、米英に宣戦布告
1943年 (昭和18年)	—	スイスのマイラード、ロータリー圧縮機を開発		
1945年 (昭和20年)			8月14日	ポツダム宣言受諾、日本無条件降伏、15日に終戦の詔勅放送 ※ この年、9月以降わが国の四輪車生産台数1461台、乗用車の生産はなし
1947年 (昭和22年)			6月 3日	GHQ、1500cc以下の乗用車年産300台製造許可 ストック部品による大型自動車50台組立許可
1948年 (昭和23年)			10月 —	GHQおよび貿易庁が自動車の輸入販売を許可
1949年 (昭和24年)			10月 1日 25日	自動車の配給統制廃止 GHQ、乗用車の生産制限解除
1950年 (昭和25年)			2月 1日 4月 1日 8日 6月25日	小型四輪車、自動車部品の公定価格廃止 自動車の配給統制全面撤廃 普通自動車の公定価格廃止 朝鮮戦争勃発 ※ この年、わが国の四輪車生産台数約3.2万台、内乗用車1594台
1951年 (昭和26年)	—	ドイツのフェリックス・バンケル、NSU社と技術提携	7月 1日 9月 8日	外国自動車の国内取引自由化 対日講和条約、日米安全保障条約調印(1952年4月28日発効)
1952年 (昭和27年)			4月28日 10月 3日	GHQ廃止、財閥標章の使用禁止解除の政令公布(5月7日解除) 通産省、乗用自動車関係提携および組立契約に対する取扱方針決定
1954年 (昭和29年)			4月20日	第1回全日本自動車ショウ開催(20 ～ 29日、於東京、日比谷公園)
1955年 (昭和30年)			5月18日	通産省の国民車育成要綱案発表 内容:4人または2人+100kg、最高速度100km/h以上、時速60km/hで燃費1リッター当たり30km以上、エンジン排気量350 ～ 500cc、車重400kg、生産価格月産2000台で15万円以下(後に販売価格25万円と訂正) ※ この年、わが国の四輪車生産台数約5.9万台、内乗用車約2万台
1956年 (昭和31年)	—	NSU社、ロータリー・スーパーチャージャー付50cc2輪レコードブレーカーで196km/hの速度記録樹立		
1957年 (昭和32年)	2月 1日	バンケル、DKM型ロータリーエンジン試作、テストベンチで試運転に成功	4月 5日	政府、閣議で国産車の愛用を決定
1958年 (昭和33年)	10月 — —	米国カーチス・ライト社、NSU社/バンケル社と技術提携(提携第1号) バンケル、KKM125、250型ロータリーエンジン試作	4月 1日	運輸省、小型四輪車の規格改定。寸法制限を全長:4700mm(+400mm)、全幅:1700mm(+20mm)に改定
1959年 (昭和34年)	7月 — 11月23日 —	バンケル、KKM250型ロータリーエンジン完成、耐久テストに成功 米国カーチス・ライト社、主要紙に新聞広告掲載 NSU社/バンケル社、ロータリーエンジンのプレス発表		
1960年 (昭和35年)	1月 — —	ドイツ博物館でドイツ技術者協会(VDI)に対しロータリーエンジンの特別講演と公開運転を実施 NSU社、250/400/500ccシングルローターユニットをNSUスポーツプリンツに載せ走行テスト開始	9月 1日	道路運送車両法改正、小型の排気量枠を1500cc⇒2000ccに引き上げ ※ この年、わが国の四輪車生産台数約48万台、内乗用車約16.5万台。四輪車輸出約3.9万台、内乗用車約7千台
1961年 (昭和36年)	7月 4日 11月 —	マツダ、NSU社/バンケル社と技術提携(正式に政府認可がおりた日) マツダ、ロータリーエンジン試作1号機を完成		

年	月・日	モデルの変遷	月・日	トピック
1962年 (昭和37年)	秋 12月 — 	NSU社、150ccロータリーエンジンの量産開始 (水冷：水上スキー牽引ボート、空冷：消防ポンプ) NSU社、テストの結果、500ccシングルローターエンジン搭載の バンケルスパイダーの生産計画確定		
1963年 (昭和38年)	4月 — 9月 — 10月26日 26日	マツダ、ロータリーエンジン研究部発足 NSU社、フランクフルト・ショーで世界初のロータリーエンジン車NSUスパイダー発表。発売は1964年9月 マツダ、第10回全日本自動車ショーにシングルと2ローターのロータリーエンジン2台を出展 いすゞ、第10回全日本自動車ショーにロータリーエンジンを出展	5月 3日 7月15日	第1回日本GP自動車レース開催(鈴鹿サーキット) 名神高速道路(尼崎-栗東間)開通 ※ この年、わが国の四輪車生産台数約128万台、内乗用車約40.8万台。四輪車輸出約9.9万台、内乗用車約3.2万台
1964年 (昭和39年)	9月26日 —	マツダ、第11回東京モーターショーにロータリーエンジン搭載スポーツカー、コスモを参考出品 シトロエン社、NSU社と合弁でロータリーエンジン開発会社コモビル社設立	8月 1日 10月 1日 1日 10日	首都高速道路1号線、4号線(羽田-日本橋-新宿)開通 谷田部自動車高速試験場開場 東海道新幹線、東京-新大阪間開通 第18回オリンピック東京大会開催(10月24日まで) ※この年、四輪車生産台数約170万台、自動車の生産世界第4位
1965年 (昭和40年)	9月 — 10月29日	NSU社、フランクフルト・ショーで2ローターのロータリーエンジン発表 マツダ、第12回東京モーターショーに改良型コスモを参考出品	5月29日 7月 1日	マツダ三次自動車試験場完成 名神高速道路全面開通 ※ この年、わが国の四輪車生産台数約188万台、内乗用車約70万台。四輪車輸出約19.4万台、内乗用車約10万台
1966年 (昭和41年)	—	マツダ、数十台のコスモスポーツで日本全域における市場テスト実施	4月12日 7月15日	初の排出ガス規制実施を発表 運輸省、自動車の有害排出ガス排出基準決定 (三、四輪車のCO許容限度3%以下、実施は9月1日) ※ この年、四輪車生産台数約228万台、内乗用車約88万台に達し、英国を抜き米国、西独についで世界第3位となった
1967年 (昭和42年)	5月30日 9月 — —	マツダ、ロータリーエンジン完成発表、コスモスポーツ発売(10A型、110PS搭載) NSU社、フランクフルト・ショーでNSU Ro80発表。発売は10月 シトロエン社、NSU社と合弁でロータリーエンジン製造会社コモトール社設立	9月 1日 12月14日	自動車排出ガス規制(CO2.5%以下)を全車に実施 中央自動車道、調布-八王子間開通 ※ この年、自動車生産台数315万台(前年比36.7%増)で西独を抜き世界第2位。自動車保有台数1000万台突破
1968年 (昭和43年)	1月 — 2月 — 7月13日 — 11月 — —	マツダ、ロータリーエンジンの開発に対し「増田賞」(日刊工業新聞社)受賞 マツダ、世界初の2ローター REの量産化に対し「モータートレンド賞」(米、モータートレンド誌)受賞 マツダ、ファミリアロータリークーペ発売(10A型、100PS搭載) マツダ、コスモスポーツマイナーチェンジ (10A型、128PSにパワーアップ) マツダ、世界初の2ローター REの量産化に対し「中国文化賞」(中国新聞社)受賞 NSU社、Ro80がドイツ車初の「カーオブザイヤー」受賞	4月27日 7月 1日 9月30日	東名高速道路、東京-厚木間開通 自動車取得税創設(取得金額の3%) マツダ本社にて第3回NSU-バンケル・ロータリーピストンエンジン円卓会議開催 ※ この年、四輪車生産台数400万台突破(前年比29%増)。乗用車の生産がトラックを追越す。乗用車保有台数500万台突破
1969年 (昭和44年)	4月 — 7月12日 8月 — 9月 — 10月 3日 — — 11月15日	マツダ、世界初の2ローター REの量産化に対し「科学技術庁長官賞」(科学技術庁)受賞 マツダ、ファミリアロータリー SS発売(4ドアセダン)ファミリアロータリークーペEタイプ追加発売 ダイムラー・ベンツ、メルセデス・ベンツC111発表(3ローターRE搭載)、9月のフランクフルト・ショーに出展 マツダ、ロータリーエンジン車の輸出開始(オーストラリア、タイ) マツダ、ルーチェロータリークーペ発売(13A型、126PS搭載) マツダ、ロータリーエンジン車、アメリカ連邦政府排気ガステストに合格 マツダ、ロータリーエンジンの開発に対し「機械振興協会賞」(機械振興協会)受賞 マツダ、ファミリアロータリー TSS発売(4ドアセダン)	2月25日 5月26日 6月 6日 12日	運輸省、排出ガス中のCOの許容量を3%から2.5%に引き下げ強化決定(6月12日告示) 東名高速道路全線開通(東京-小牧間346.7km) 運輸省、自動車の構造、装置に起因する事故防止について通達、リコール制度発足 運輸省、排出ガス規制強化を告示。COは2.5%以下
1970年 (昭和45年)	1月 — 3月 — 4月 8日 — 5月13日 — 6月 — 10月30日 30日 5日 12月 —	シトロエン社、実車による市場テストのためM35の500台限定生産を発表 (実生産台数は267台) ダイムラー・ベンツ社、ジュネーブ・ショーでメルセデス・ベンツC111-II発表 (4ローター RE搭載) マツダ、ファミリアプレストロータリー・シリーズ発売 マツダ、ロータリーエンジンの実用化に対し、昭和44年度日本機械学会賞受賞 マツダ、カペラロータリー・シリーズ発売(12A型、120PS搭載) マツダ、ロータリーエンジン車、ヨーロッパへ本格輸出開始 マツダ、ロータリーエンジン車、アメリカ輸出開始 マツダ、第17回東京モーターショーにコンセプトカー、RX-500出展 ダイムラー・ベンツ社、第17回東京モーターショーにメルセデス・ベンツC111-II出展 マツダ、ファミリアロータリークーペGS追加発売 マツダ、ロータリーエンジン車生産累計10万台達成	9月 1日	自動車エンジンにブローバイガス還元装置取付けを義務化。新型車1970年9月から、新造車1971年1月から適用 ※ この年、わが国の四輪車生産台数約529万台、内乗用車約318万台。四輪車輸出約109万台、内乗用車約73万台

年	月・日	モデルの変遷	月・日	トピック
1971年 （昭和46年）	9月 6日 10月21日 29日 —	マツダ、サバンナ発売（10A型、105PS搭載） マツダ、カペラGにロータリーエンジン車初のAT車発売 マツダ、第18回東京モーターショーにコンセプトカー、RX-510出展 マツダ、ロータリーエンジン車生産累計20万台達成	7月 1日 12月 1日	環境庁発足 自動車重量税新設、実施 ※ この年、乗用車生産台数372万台で西独を抜き世界第2位、乗用車保有台数1000万台突破
1972年 （昭和47年）	1月13日 — 3月 1日 9月18日 10月23日 11月 —	マツダ、サバンナスポーツワゴン発売 マツダ、カペラロータリークーペ、エンジン封印して欧州11ヵ国10万キロ耐久テスト走破 マツダ、カペラGS-II（12A型、125PS搭載）追加発売 マツダ、サバンナクーペGT発売（12A型、120PS搭載） 日産、第19回東京モーターショーに2ローター RE搭載のサニークーペ出展 マツダ、2代目ルーチェロータリー・シリーズ発売（12A型、130PS/120PS、低公害AP仕様は125PS/115PS搭載）、公害対策量産車第1号（発表は10月18日）	10月 5日 12月 7日 12日	環境庁、自動車排出ガス昭和50年度、51年度目標値を告示 環境庁、昭和48年排出ガス基準告示 運輸省、自動車排出ガス規制基準を告示
1973年 （昭和48年）	2月 — 6月 7日 — — 7月28日 9月 — 10月 — — 11月 — 12月 4日	マツダ、ロータリーエンジン車、米国EPA（環境保護局）のテストを受け1975年規制マスキー法に合格 マツダ、サバンナマイナーチェンジ（クーペ、4ドアにAT車追加） マツダ、ルーチェ AP低公害優遇税制適用第1号車となる マツダ、ロータリーエンジン車生産累計50万台達成 マツダ、サバンナAP追加発売（低公害化12A型、120PS搭載） GM社、フランクフルト・ショーで2ローター RE搭載のコンセプトカー、コルベットXP-897を出展 シトロエン社、パリ・ショーでGSビロトール発表、発売は1974年3月 GM社、パリ・ショーに4ローター RE搭載のコルベットコンセプトカー出展 マツダ、S50年排ガス規制適合サバンナAP発売（12A型、120PS/125PS搭載） マツダ、S50年排ガス規制適合ルーチェ AP発売（12A型、125PS搭載）同時に13B型、135PS搭載のグランツーリスモとワゴンが追加発売された	4月 1日 10月17日 31日 11月22日 25日	昭和48年排出ガス規制実施 第1次石油ショック発生 政府、日曜、祝日のマイカー高速道路乗り入れ規制など第1次規制措置 オイルショックを配慮し、1974年開催の東京モーターショー中止を決定 通産省、ガソリンスタンドの日曜、祝日休業を発表 ※この年、四輪車生産台数700万台突破、輸出台数200万台突破
1974年 （昭和49年）	2月27日 7月 — 11月12日	マツダ、S50年排ガス規制適合2代目カペラAP発売（12A型、120PS/125PS搭載） マツダ、パークウェイロータリー 26発売（13B型、135PS搭載） マツダ、サバンナ、ルーチェ、カペラの燃費改善	1月21日 2月 9日	環境庁、自動車排出ガスの昭和50年規制を告示。翌年4月1日実施。CO、HCは10%、Noxは55%に削減 通産省、4月実施予定のガソリン無鉛化の延期を決定。10月から実施（1977年までは有鉛、無鉛の2本立て） ※この年、四輪車生産655万台（前年比7.5%減）、1956年以来初のマイナス成長。 ※四輪車輸出261万8000台、西独を抜き世界第1位
1975年 （昭和50年）	4月 1日 10月28日 —	マツダ、ロードペーサー発売（13B型、135PS搭載）（発表は3月17日） マツダ、S51年排ガス規制適合2代目コスモAP発売（13B型、135PS/12A型、125PS搭載） マツダ、燃費約40%改善の低公害（S51年排ガス規制適合）ロータリーエンジン車発売（サバンナAP、カペラAP、ルーチェAP、ロードペーサー）	2月 1日 24日 3月 — 4月 1日 1日 11日 5月27日	無鉛ガソリンの供給開始 環境庁、昭和51年排出ガス規制値告示（NO$_x$許容限度は2段階方式） 3月末、マイカー普及1713万台で2世帯に1台となる 低公害車の租税軽減措置実施 昭和50年排出ガス規制を新型車に実施（継続生産車は12月1日から適用） 運輸省、低公害車の「クリーン度」公表に踏み切る 米国環境保護局、カリフォルニア州の排出ガス規制強化を認可 ※ この年、わが国の四輪車生産台数約694万台、内乗用車約457万台。四輪車輸出約268万台、内乗用車約183万台
1976年 （昭和51年）			1月 — 4月 1日 8月25日 12月16日	運輸省、排出ガス規制適合車の燃費公表制度開始 昭和51年排出ガス規制スタート 運輸省、自動車保有台数3000万台突破、10年間で8倍増と発表 環境庁、乗用車の昭和53年排出ガス規制値告示（NOxを走行1km当たり平均0.25gに抑制） ※この年、自動車の輸出金額108億ドルで鉄鋼を抜きトップとなる。乗用車の輸出台数が生産台数の50%を超える
1977年 （昭和52年）	7月 5日 10月 4日 28日	マツダ、コスモL（ランドウトップ）発売（13B型、135PS/12A型、125PS搭載） マツダ、3代目ルーチェレガート発売（13B型、135PS/12A型、125PS搭載） トヨタ、第22回東京モーターショーに2ローター REを出展	8月 3日 11月18日	米国でマスキー法修正案可決 日米通商会議開催、米国側が自動車の対米輸出自主規制要求
1978年 （昭和53年）	3月30日 7月 — 11月 —	マツダ、初代サバンナRX-7発売、S53年排ガス規制適合（12A型、130PS搭載） マツダ、S53年排ガス規制適合ルーチェ（レガートの名称は外れる）発売（13B型、140PS搭載） マツダ、ロータリーエンジン車生産累計100万台達成	3月15日 4月 1日 12月 —	通産省、自動車工業会に対米輸出自粛を要請 自動車輸入関税撤廃 イラン革命に伴い、第2次石油ショック始まる
1979年 （昭和54年）	3月 2日 — 9月27日 10月19日	マツダ、サバンナRX-7にサンルーフ付SEモデル追加発売 マツダ、S53年排ガス規制適合コスモ発売（13B型、140PS搭載） マツダ、コスモマイナーチェンジ、希薄燃焼型エンジンに換装 マツダ、サバンナRX-7、ルーチェマイナーチェンジ、希薄燃焼型エンジンに換装	5月27日	ガソリンスタンドの休日休業制開始（6月3日から強化）

年	月・日	モデルの変遷	月・日	トピック
1980年 (昭和55年)	11月 4日	マツダ、サバンナRX-7 マイナーチェンジ	2月11日 3月10日	フレーザー UAW会長来日、自動車各社と首脳会談し対米工場進出を要請 アスキュー米通商代表、日本自動車メーカーの対米工場進出を要請 ※ この年、わが国の四輪車生産台数約1104万台、内乗用車約704万台。四輪車輸出約597万台、内乗用車約395万台四輪車生産台数で世界第1位となる
1981年 (昭和56年)	11月 —	マツダ、3代目コスモ/4代目ルーチェロータリー・シリーズ発売(6PI化12A型、130PSに換装)(発表は10月16日)	5月 6日	EC委員会、日本車のEC向け輸出自粛を要請
1982年 (昭和57年)	3月23日 9月18日	マツダ、サバンナRX-7 マイナーチェンジ(6PI化12A型、130PSに換装) マツダ、コスモ/ルーチェにロータリーターボ車追加発売(12A型ターボ、160PS搭載)	3月29日 11月28日	通産省、1982年度対米乗用車輸出自主規制台数は前年と同様の168万台と声明 中央自動車道全線開通 ※この年、AT乗用車普及率32.6%
1983年 (昭和58年)	9月 — 10月 4日	マツダ、サバンナRX-7マイナーチェンジ、ターボRE車発売(12A型ターボ、165PS搭載) マツダ、ルーチェ、コスモマイナーチェンジ(12A型ターボ、165PS/13B-Si型、160PS搭載)	3月18日 24日 7月 — 11月 1日	運輸省、自動車のドアミラー装着を認める方針決定 中国自動車道全線開通 自家用乗用車新車3年車検へ移行 対米乗用車輸出自主規制、1984年度は185万台と決定
1984年 (昭和59年)	9月 —	マツダ、コスモ2ドアハードトップ マイナーチェンジ		
1985年 (昭和60年)	10月 8日	マツダ、2代目サバンナRX-7発売(13B型ターボ、185PS搭載)(発表は9月20日)	3月27日	政府が1985年度対米輸出、乗用車230万台枠で規制継続を発表 ※ この年、わが国の四輪車生産台数約1227万台、内乗用車約765万台。四輪車輸出約673万台、内乗用車約443万台
1986年 (昭和61年)	4月 — 8月22日 9月16日	マツダ、ロータリーエンジン車生産累計150万台達成 マツダ、特別限定車サバンナRX-7アンフィニ(∞)発売(∞は1991年3月までに合計8回登場する) マツダ、ルーチェをフルモデルチェンジ(5代目)		
1987年 (昭和62年)	8月21日	マツダ、ロータリーエンジン発売20周年記念、サバンナRX-7カブリオレ発売		
1988年 (昭和63年)			6月14日	自民党、税率3%の消費税を導入する税制抜本改革大綱決定(28日政府が税制改革要綱を決定)
1989年 (平成1年)	4月 — 9月 —	マツダ、サバンナRX-7マイナーチェンジ(13B型ターボ、205PS搭載) マツダ、特別限定車サバンナRX-7アンフィニ(∞)発売(13B型ターボ、215PS搭載)	1月 7日 8日 4月 1日	昭和天皇崩御、明仁親王即位 「平成」に改元 普通乗用車自動車税区分変更
1990年 (平成2年)	4月10日 6月12日	マツダ、4代目ユーノスコスモ発売(3ローター 20B-REW、280PS/2ローター 13B-REW型、230PS搭載) マツダ、サバンナRX-7一部変更		※ この年、わが国の四輪車生産台数約1349万台、内乗用車約995万台。四輪車輸出約583万台、内乗用車約448万台
1991年 (平成3年)	6月23日 10月25日 12月 1日	マツダ、第59回ル・マン24時間レースでマツダ787Bが総合優勝 マツダ、第29回東京モーターショーにコンセプトカー HR-X(水素RE搭載)を出展 マツダ、3代目アンフィニ(旧サバンナ)RX-7発売(13B-REW型、255PS搭載)。第1回RJCカーオブザイヤー受賞	8月19日 11月 1日 12月21日	ソ連でクーデター発生 オートマティック限定運転免許制度新設 ソ連邦の11共和国により独立国家共同体が誕生したことで、ソ連邦消滅
1992年 (平成4年)	8月 — 10月 —	マツダ、限定車サバンナRX-7カブリオレ・ファイナルバージョン発売 マツダ、限定車アンフィニRX-7 Type RZ発売(300台限定)、2シーター	3月19日 4月 1日 12月 1日	運輸省、1992年度の対米乗用車輸出自主規制枠を230万台から165万台にすると発表 乗用車の消費税率6%⇒4.5%となる 自動車NO_x法スタート
1993年 (平成5年)	8月16日 10月22日	マツダ、アンフィニRX-7一部変更 マツダ、第30回東京モーターショーにコンセプトカー HR-X2(水素RE搭載)を出展	1月 8日 11月12日	通産省、1993年度の対米乗用車輸出自主規制枠165万台で継続を発表 環境基本法成立
1994年 (平成6年)			1月 1日 3月29日 4月 1日	北米自由貿易協定(NAFTA)発効 自動車輸出の対米自主規制撤廃 乗用車消費税、暫定税率4.5%⇒本則税率3%となる
1995年 (平成7年)	3月 — 5月 — 10月27日	マツダ、アンフィニRX-7マイナーチェンジ マツダ、水素RE車の公道実験を開始 マツダ、第31回東京モーターショーにコンセプトカー RX-01(MSP-RE搭載)を出展	1月 1日 4月19日 5月16日 7月 1日 8月23日	世界貿易機構(WTO)発足 円相場、1ドル79円台の最高値を記録 米国、日米自動車摩擦問題に絡んで米通商法301条に基づく対日制裁リスト発表、日本政府はWTOに提訴 製造物責任(PL)法施行 日米政府が日米自動車・同部品協議合意文書に正式調印 ※ この年、わが国の四輪車生産台数約1020万台、内乗用車約761万台。四輪車輸出約379万台、内乗用車約290万台
1996年 (平成8年)	1月22日	マツダ、アンフィニRX-7マイナーチェンジ (13B-REW型、265PS搭載)		
1997年 (平成9年)	10月14日	マツダ、ロータリーエンジン発売30周年記念特別限定車RX-7タイプRS-R発売 コーポレートマーク変更。アンフィニははずされマツダRX-7となった	4月 1日 8月18日 12月 1日	消費税率5%に引き上げ 運輸省、CO_2削減運輸政策プログラム策定 地球温暖化防止京都会議(COP3)開催
1998年 (平成10年)			6月19日 26日	政府、温暖化対策推進大綱を決定 環境庁、排出ガス技術指針改定

年	月・日	モデルの変遷	月・日	トピック
1999年 （平成11年）	1月21日 10月22日	マツダ、RX-7マイナーチェンジ（13B-REW型、280PS搭載）（発表は1998年12月15日） マツダ、第33回東京モーターショーにコンセプトカー RX-EVOLV（RENESIS搭載）を出展		
2000年 （平成12年）				※ この年、わが国の四輪車生産台数約1014万台、内乗用車約836万台。四輪車輸出約445万台、内乗用車約380万台
2001年 （平成13年）	10月26日	マツダ、第35回東京モーターショーにデザインモデルRX-8（RENESIS搭載）を出展	1月 6日 11月10日	中央省庁再編、1府12省庁体制に 地球温暖化防止会議、京都議定書の運営に関し最終合意
2002年 （平成14年）	4月 ―	マツダ、RX-7の最終モデル「スピリットR」1500台限定発売	7月10日 12日 10月 1日	自動車リコール制度の規制強化などを盛り込んだ改正車両法成立 自動車リサイクル法制定 フロン回収・破壊法、一部施行
2003年 （平成15年）	4月 ― 6月 4日 10月22日 11月19日	マツダ、RX-8発売開始（RENESIS 250PS、210PS搭載）（発表は4月9日） マツダ、新世代ロータリーエンジン「RENESIS」が、英国の「インターナショナル・エンジン・オブ・ザ・イヤー 2003」を受賞 マツダ、第37回東京モーターショーにRX-8ハイドロジェンRE開発車を出展 マツダ、RX-8が2004RJCカーオブザイヤーを受賞 ロータリーエンジン「RENESIS」がRJCテクノロジーオブザイヤーを受賞		
2004年 （平成16年）	1月 8日 20日 10月27日 12日	マツダ、RX-8ワンメークレース参加車両用「NR-A指定部品」を発売 マツダ、RX-8が豪州「Wheels」誌主催の2003年カーオブザイヤーを受賞 マツダ、RX-8水素ロータリーエンジン車、国土交通省大臣認定を受け公道走行試験を開始 マツダ、ドイツの24時間耐久トライアルで2台のRX-8が40の国際記録を樹立		
2005年 （平成17年）			1月 1日 2月16日	自動車リサイクル法施行 地球温暖化防止・京都議定書発効
2006年 （平成18年）	2月15日 23日 4月21日 7月27日 8月22日 10月11日 ―	マツダ、RX-8水素ロータリーエンジン車の限定リース販売を開始 マツダ、世界で初めて水素ロータリーエンジン車「RX-8ハイドロジェンRE」を出光興産と岩谷産業に納車 マツダ、水素ロータリーエンジン車を広島県および広島市に納入 マツダ、RX-8ハイドロジェンRE初の海外デモ走行をノルウェーで実施 マツダ、RX-8マイナーチェンジ マツダ、水素ロータリーエンジン車を山口県に納入 マツダ、RX-8 6速AT車追加発売（RENESIS 215PS搭載）（予約受注開始は8月22日）		
2007年 （平成19年）	1月18日 2月21日 3月12日 4月 6日 8月 8日 11月 7日	マツダ、水素ロータリーエンジン車を日本科学未来館に納入 マツダ、北海道開発局の依頼を受け、RX-8ハイドロジェンREで水素自動車の寒冷地調査に協力 マツダ、水素ロータリーエンジン車を日本自動車研究所に納入 マツダ、水素ロータリーエンジン技術を日本科学未来館に展示 マツダ、RX-8ロータリーエンジン40周年記念車を発売 マツダ、ノルウェー国家プロジェクトHyNor（ハイノール）に参画し、2008年夏から水素RE車をノルウェーに納入		
2008年 （平成20年）	3月10日 6月20日 10月15日	マツダ、RX-8マイナーチェンジ マツダ、プレマシー ハイドロジェンREハイブリッドの国土交通大臣認定を取得 マツダ、ノルウェーで水素ロータリーエンジン車の公道走行を開始	9月15日	米国リーマン・ブラザース経営破綻：「リーマン・ショック」。これを引き金に、世界経済は1930年代の「大恐慌」以来の危機に突入、自動車産業も新車販売の激減で危機的な状況に追い込まれる
2009年 （平成21年）	3月25日 5月25日 ― ― 9月17日 12月 1日	マツダ、プレマシー ハイドロジェンREハイブリッドのリース販売開始 マツダ、RX-8一部改良 マツダ、ノルウェー仕様のマツダRX-8ハイドロジェンREをオスロでの水素ステーション開所式で公開 マツダ、プレマシー ハイドロジェンREハイブリッド第1号車を岩谷産業株式会社に納車 マツダ、プレマシー ハイドロジェンREハイブリッドを広島県、広島市に納入 マツダ、プレマシー ハイドロジェンREハイブリッドを山口県に納車	4月30日 6月 1日 10日 7月10日	米国クライスラー社が米連邦破産法11条の適用を申請して破綻 米国GM社米連邦破産法11条の適用を申請して破綻 クライスラー社が伊フィアット社と提携、クライスラーグループLLC社として新会社組織発表 国有会社となった新GM社誕生
2010年 （平成22年）	1月13日 5月18日	マツダ、九州初のプレマシー ハイドロジェンREハイブリッドを岩谷産業株式会社に納車 マツダ、水素ロータリーエンジンに関する取り組みで、国際水素エネルギー協会より「IAHE サー・ウィリアム・グローブ賞」を受賞	3月29日 10月20日 5月1日 11月18日 25日	トヨタとマツダは、トヨタプリウスのハイブリッド技術ライセンスを供与することで合意した マツダ、2011年から発売する商品ラインナップに搭載する次世代技術の総称である「SKYACTIV（スカイアクティブ）」と、その中核となるエンジン、トランスミッション、ボディ、シャシー技術の概要を発表 上海国際博覧会開催（10/31まで） 米国GM社ニューヨーク証券取引所に再上場 フォード社、マツダ株式1億3318万株売却、保有比率10.98％から3.50％、株主順位第1位から第4位となる
2011年 （平成23年）	6月11日 10月 7日	マツダ787Bがル・マン優勝20周年を記念して、第79回ルマン24時間レース開始前にサルト・サーキットでデモ走行を行なった マツダ RX-8 最後の特別仕様車「SPIRIT R」発売（発売は 11 月 24 日）販売計画台数 1000 台（2012 年 4 月 26 日に 1000 台追加生産を発表）	1月10日 3月11日	2010年の中国の新車販売台数が2年連続世界一と発表（中国汽車工業協会発表） 東日本大震災発生、死者・行方不明約2.8万人の大災害となる、同時に福島第一原子力発電所が大被害を受け、大規模な原子力事故発生

年	月・日	モデルの変遷	月・日	トピック
2012年 (平成24年)	6月　ー	マツダ、RX-8の生産終了	9月13日	尖閣諸島国有化で中国反発
2014年 (平成26年)			9月13日	電気自動車レース「フォーミュラE」開幕
2015年 (平成27年)	10月26日	第44回東京モーターショーでコンセプトモデル「Mazda RX-VISION」公開	6月26日	マツダのイギリス現地法人Mazda Motors UKが「2015年グッドウッド・フェスティバル・オブ・スピード」に参加、787Bなどの歴代ロータリーレーシングカーが走行
2019年 (平成31年) (令和1年)			5月　1日	元号が平成⇒令和に
2020年 (令和2年)			1月31日 2月　1日	WHO(世界保健機関)が新型コロナウイルス(COVID-19)の感染拡大を懸念し緊急事態宣言発表 日本政府はCOVID-19を指定感染症、検疫感染症に指定 コロナは猛威を振るい、厳しい防疫体制と行動制限が課された
2021年 (令和3年)			ー　ー	コロナウイルスは変異を重ねながら1年中猛威を振るった
2022年 (令和4年)			ー　ー	コロナウイルスはこの年も変異を重ねながら1年中猛威を振るった
2023年 (令和5年)	1月13日 6月22日 9月14日 10月25日 30日 11月　7日	ブリュッセルモーターショーでロータリーエンジンを発電機として使用するプラグインハイブリッドモデル「MAZDA MX-30 e-SKYACTIV R-EV」初公開 欧州向けMAZDA MX-30 e-SKYACTIV R-EVの量産開始(宇品第1工場) 国内向けMAZDA MX-30 Rotary-EVの予約受注開始(発売は11月) ジャパンモビリティショー2023でコンパクトスポーツカーコンセプト「MAZDA ICONIC SP(アイコニックエスピー)」を世界初公開 マツダ、ロータリーエンジン搭載車の累計生産200万台達成 マツダ787Bが「2023日本自動車殿堂 歴史遺産車」に選定	3月13日	コロナ感染症対策が緩和され、感染が心配される特定の場所を除きマスクの着用が任意となった。 2023年3月までの日本の感染者数は約3346万3000人、死者約7万4000人 世界全体では感染者数約7億6140万人、死者約688万7000人
2024年 (令和6年)			1月　1日	能登半島地震発生

注：生産台数、輸出台数は日本自動車工業会「自動車統計月報」より引用

マツダロータリーエンジンの変遷

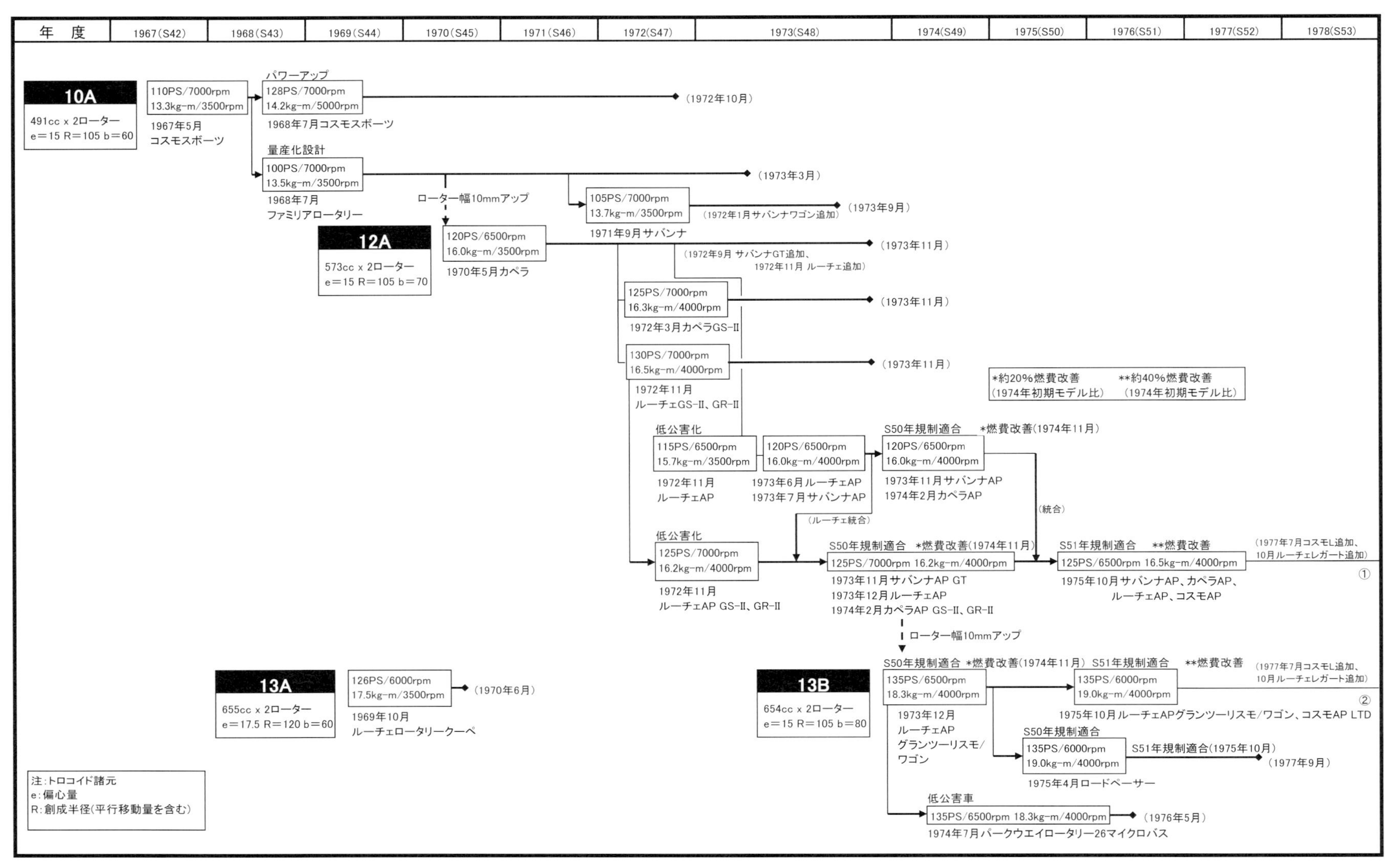

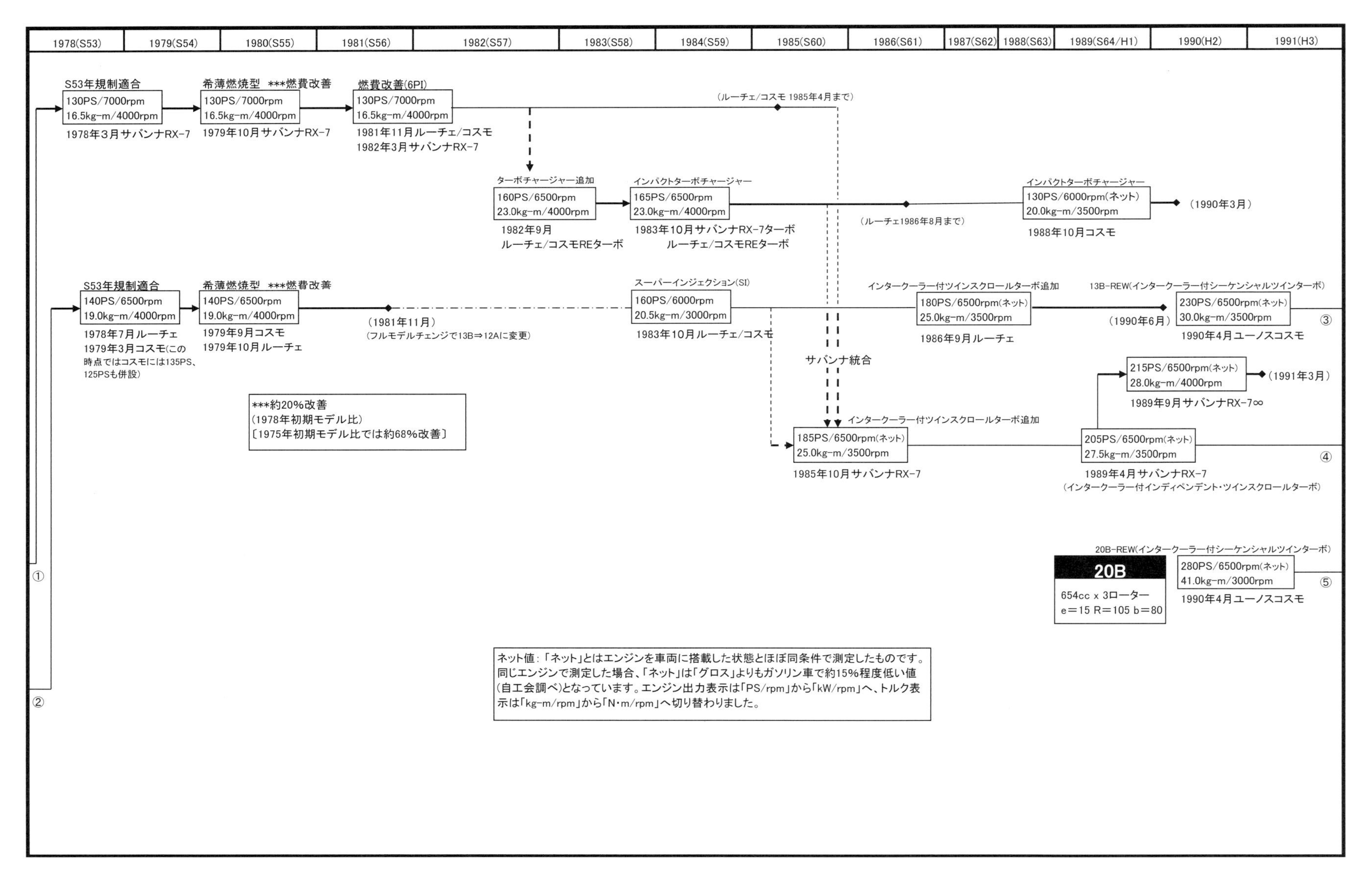
1978(S53)
1979(S54)
1980(S55)
1981(S56)
1982(S57)
1983(S58)
1984(S59)
1985(S60)
1986(S61)
1987(S62)
1988(S63)
1989(S64/H1)
1990(H2)
1991(H3)
S53年規制適合
130PS/7000rpm
16.5kg-m/4000rpm
1978年3月サバンナRX-7
希薄燃焼型 ***燃費改善
130PS/7000rpm
16.5kg-m/4000rpm
1979年10月サバンナRX-7
燃費改善(6PI)
130PS/7000rpm
16.5kg-m/4000rpm
1981年11月ルーチェ/コスモ
1982年3月サバンナRX-7
(ルーチェ/コスモ 1985年4月まで)
ターボチャージャー追加
160PS/6500rpm
23.0kg-m/4000rpm
1982年9月
ルーチェ/コスモREターボ
インパクトターボチャージャー
165PS/6500rpm
23.0kg-m/4000rpm
1983年10月サバンナRX-7ターボ
ルーチェ/コスモREターボ
(ルーチェ1986年8月まで)
インパクトターボチャージャー
130PS/6000rpm(ネット)
20.0kg-m/3500rpm
1988年10月コスモ
(1990年3月)
S53年規制適合
140PS/6500rpm
19.0kg-m/4000rpm
1978年7月ルーチェ
1979年3月コスモ(この時点ではコスモには135PS、125PSも併設)
希薄燃焼型 ***燃費改善
140PS/6500rpm
19.0kg-m/4000rpm
1979年9月コスモ
1979年10月ルーチェ
(1981年11月)
(フルモデルチェンジで13B⇒12Aに変更)
スーパーインジェクション(SI)
160PS/6000rpm
20.5kg-m/3000rpm
1983年10月ルーチェ/コスモ
インタークーラー付ツインスクロールターボ追加
180PS/6500rpm(ネット)
25.0kg-m/3500rpm
1986年9月ルーチェ
(1990年6月)
13B-REW(インタークーラー付シーケンシャルツインターボ)
230PS/6500rpm(ネット)
30.0kg-m/3500rpm
1990年4月ユーノスコスモ
③
サバンナ統合
インタークーラー付ツインスクロールターボ追加
185PS/6500rpm(ネット)
25.0kg-m/3500rpm
1985年10月サバンナRX-7
205PS/6500rpm(ネット)
27.5kg-m/3500rpm
1989年4月サバンナRX-7
(インタークーラー付インディペンデント・ツインスクロールターボ)
215PS/6500rpm(ネット)
28.0kg-m/4000rpm
1989年9月サバンナRX-7∞
(1991年3月)
④
***約20%改善
(1978年初期モデル比)
〔1975年初期モデル比では約68%改善〕
20B
654cc x 3ローター
e=15 R=105 b=80
20B-REW(インタークーラー付シーケンシャルツインターボ)
280PS/6500rpm(ネット)
41.0kg-m/3000rpm
1990年4月ユーノスコスモ
⑤
①
②
ネット値:「ネット」とはエンジンを車両に搭載した状態とほぼ同条件で測定したものです。同じエンジンで測定した場合、「ネット」は「グロス」よりもガソリン車で約15%程度低い値(自工会調べ)となっています。エンジン出力表示は「PS/rpm」から「kW/rpm」へ、トルク表示は「kg-m/rpm」から「N・m/rpm」へ切り替わりました。

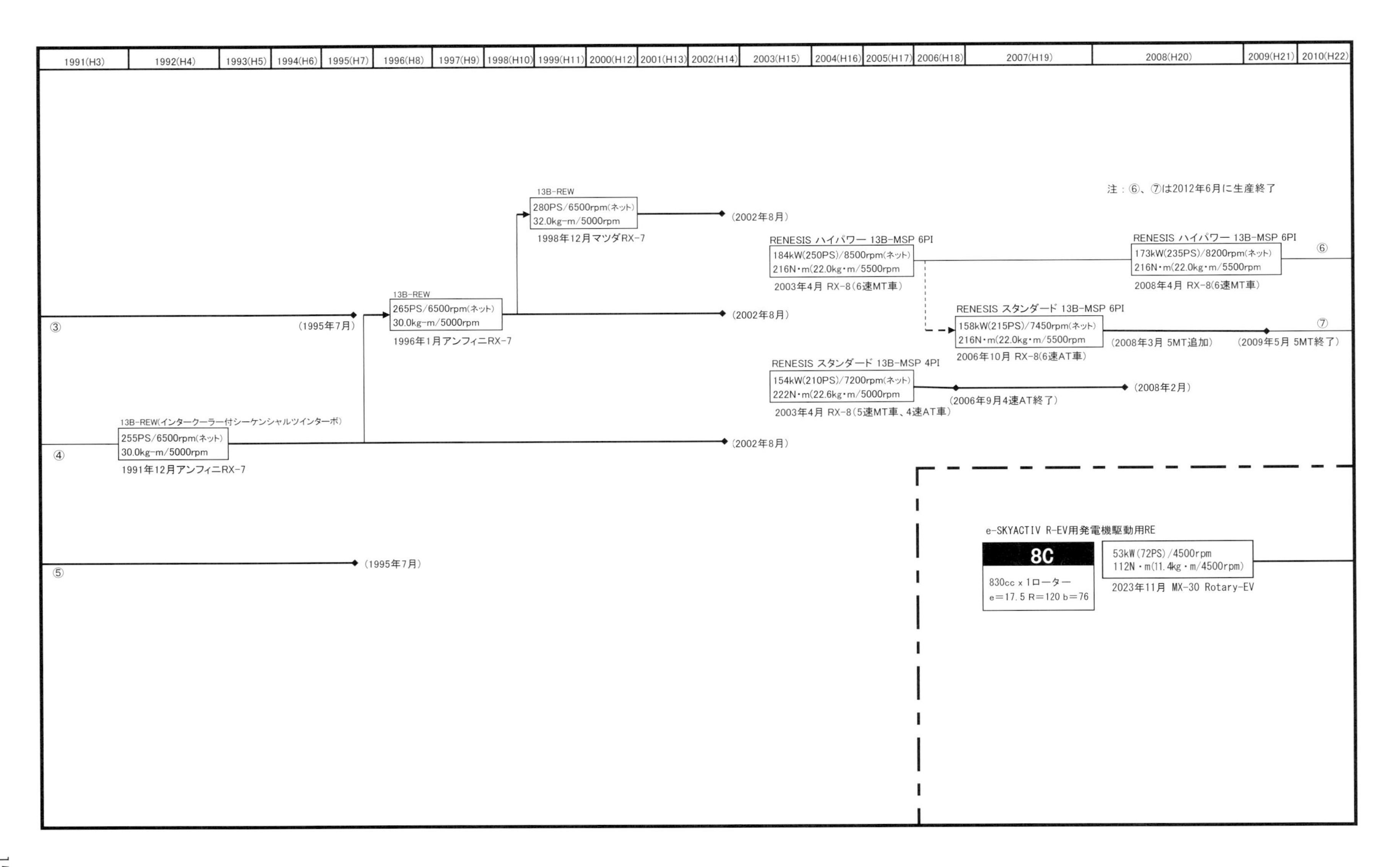

1991(H3)
1992(H4)
1993(H5)
1994(H6)
1995(H7)
1996(H8)
1997(H9)
1998(H10)
1999(H11)
2000(H12)
2001(H13)
2002(H14)
2003(H15)
2004(H16)
2005(H17)
2006(H18)
2007(H19)
2008(H20)
2009(H21)
2010(H22)
注：⑥、⑦は2012年6月に生産終了
13B-REW
280PS/6500rpm(ネット)
32.0kg-m/5000rpm
1998年12月マツダRX-7
(2002年8月)
RENESIS ハイパワー 13B-MSP 6PI
184kW(250PS)/8500rpm(ネット)
216N・m(22.0kg・m/5500rpm
2003年4月 RX-8(6速MT車)
RENESIS ハイパワー 13B-MSP 6PI
173kW(235PS)/8200rpm(ネット)
216N・m(22.0kg・m/5500rpm
2008年4月 RX-8(6速MT車)
⑥
③
(1995年7月)
13B-REW
265PS/6500rpm(ネット)
30.0kg-m/5000rpm
1996年1月アンフィニRX-7
(2002年8月)
RENESIS スタンダード 13B-MSP 6PI
158kW(215PS)/7450rpm(ネット)
216N・m(22.0kg・m/5500rpm
2006年10月 RX-8(6速AT車)
(2008年3月 5MT追加)
(2009年5月 5MT終了)
⑦
RENESIS スタンダード 13B-MSP 4PI
154kW(210PS)/7200rpm(ネット)
222N・m(22.6kg・m/5000rpm
2003年4月 RX-8(5速MT車、4速AT車)
(2006年9月4速AT終了)
(2008年2月)
13B-REW(インタークーラー付シーケンシャルツインターボ)
255PS/6500rpm(ネット)
30.0kg-m/5000rpm
1991年12月アンフィニRX-7
④
(2002年8月)
e-SKYACTIV R-EV用発電機駆動用RE
8C
830cc x 1ローター
e=17.5 R=120 b=76
53kW(72PS)/4500rpm
112N・m(11.4kg・m/4500rpm)
2023年11月 MX-30 Rotary-EV
⑤
(1995年7月)

マツダロータリーエンジン車車種別生産台数

車種／年	コスモスポーツ	ファミリア	ルーチェ	カペラ	サバンナ	Bシリーズ	パークウェイ	ロードペーサー	コスモ	RX−7	ユーノスコスモ	RX−8	計	累計
1967	343												343	343
1968	172	6,925											7,097	7,440
1969	159	28,041	542										28,742	36,182
1970	258	31,238	431	34,242									66,169	102,351
1971	126	21,722	3	63,389	33,189								118,429	220,780
1972	118	5,720	10,903	57,748	80,404								154,893	375,673
1973		2,060	77,028	54,962	105,819	2							239,871	615,544
1974			66,998	7,656	29,678	14,364	18						118,714	734,258
1975			41,668	5,960	26,236	113	18	491	12,014				86,500	820,758
1976			13,284	553	9,825	632	8	183	43,792				68,277	889,035
1977			13,480	253	1,606	1,161		126	25,273				41,899	930,934
1978			6,484	240					1,561	72,692			80,977	1,011,911
1979			5,705						5,896	71,617			83,218	1,095,129
1980			4,213						1,108	56,317			61,638	1,156,767
1981			2,292						2,785	55,321			60,398	1,217,165
1982			2,046						4,170	59,686			65,902	1,283,067
1983			1,402						3,026	57,864			62,292	1,345,359
1984			1,349						3,477	63,959			68,785	1,414,144
1985			506						1,062	63,105			64,673	1,478,817
1986			2,533						265	72,760			75,558	1,554,375
1987			639						54	52,204			52,897	1,607,272
1988			1,048						22	34,592			35,662	1,642,934
1989			395						8	37,624			38,027	1,680,961
1990			318							29,411	4,325		34,054	1,715,015
1991										16,623	1,700		18,323	1,733,338
1992										26,899	1,373		28,272	1,761,610
1993										6,801	711		7,512	1,769,122
1994										5,962	435		6,397	1,775,519
1995										5,202	331		5,533	1,781,052
1996										4,762			4,762	1,785,814
1997										3,556			3,556	1,789,370
1998										1,423			1,423	1,790,793
1999										4,151			4,151	1,794,944
2000										2,611			2,611	1,797,555
2001										2,589			2,589	1,800,144
2002										3,903			3,903	1,804,047
2003												60,100	60,100	1,864,147
2004												50,813	50,813	1,914,960
2005												27,837	27,837	1,942,797
2006												23,363	23,363	1,966,160
2007												13,833	13,833	1,979,993
2008												8,237	8,237	1,988,230
2009												2,970	2,970	1,991,200
2010												2,801	2,801	1,994,001
2011												1,233	1,233	1,995,234
2012												2,131	2,131	1,997,365
累計	1,176	95,706	253,267	225,003	286,757	16,272	44	800	104,513	811,634	8,875	193,318	1,997,365	1,997,365

注：2023 年から MX-30 Rotary EV のレンジエクステンダーの発電機駆動用 RE が 2024 年 2 月末時点で 7,748 台生産されている。

マツダのロータリーエンジン搭載車仕様一覧

発売年月	タイプ/車両型式	駆動方式	エンジン型式	排気量×ローター数 cc	最高出力 ps/rpm	最大トルク kg-m/rpm	変速機	ホイールベース mm	全長×全幅×全高 mm	トレッド 前/後 mm	車両重量 kg	タイヤ	乗車定員	最高速度 km/h	0-400m加速 秒	備考
コスモスポーツ（1967年〜1972年）																
1967/05	L10A	FR	10A	491×2	110/7000	13.3/3500	4速MT	2200	4140×1595×1165	1250/1240	940	6.45H-14-4PR 又は 165HR14	2	185	16.3	
1968/07	L10B	↑	↑	↑	128/7000	14.2/5000	5速MT	2350	4130×1590×1165	1260/1250	960	155HR15	↑	200	15.8	ニューコスモスポーツ
ファミリアロータリーシリーズ（1968年〜1973年）																
1968/07	クーペ/M10A	FR	10A	491×2	100/7000	13.5/3500	4速MT	2260	3830×1480×1345	1200/1190	805	6.15-13-4PR	5	180	16.4	
1969/07	セダン/M10A	↑	↑	↑	↑	↑	↑	↑	3830×1480×1390	↑	825	6.15-13-4PR	↑	175	16.8	4ドアセダン
1970/04	プレストロータリークーペ	↑	↑	↑	↑	↑	↑	↑	3830×1480×1345	1210/1190	825/815	↑	↑	180	16.4	ファミリアプレスト
↑	プレストロータリー（セダン）	↑	↑	↑	↑	↑	↑	↑	3830×1480×1390	↑	825	↑	↑	175	16.8	ファミリアプレスト
ルーチェロータリークーペ（1969年〜1972年）　*1：M13Rはスーパーデラックス（エアコン、カーステレオ、パワーウインドーなど装備）																
1969/10	M13P(M13R)[*1]	FF	13A	655×2	126/6000	17.5/3500	4速MT	2580	4585×1635×1385	1330/1325	1185(1255)	165HR15	5	190	16.9	
カペラロータリーシリーズ（1970年〜1974年）																
1970/05	ロータリークーペ/S122A	FR	12A	573×2	120/6500	16.0/3500	4速MT	2470	4150×1580×1395	1285/1280	960	155SR13	5	190	15.7	データはGS
↑	ロータリー(セダン)/S122A	↑	↑	↑	↑	↑	↑	↑	4210×1580×1420	↑	965	6.15S-13-4PR	↑	185	16.3	データはスーパーDx
1971/10	GシリーズクーペGS(AT仕様)	↑	↑	↑	↑	↑	3速AT	↑	4150×1595×1395	1290/1290	980	165SR13	↑	180	17.5	1972/3タイヤ6.45-13に変更
↑	GシリーズセダンGR(AT仕様)	↑	↑	↑	↑	↑	↑	↑	4210×1580×1435	↑	985	6.45-13-4PR	↑	175	18.4	
1972/03	ロータリークーペ GS-Ⅱ	↑	↑	↑	125/7000	16.3/4000	5速MT	↑	4150×1595×1355	↑	980	165SR13	↑	190	15.6(2名乗車)	
第2世代カペラロータリーシリーズ（1974年〜1978年）																
1974/02	ロータリーAPクーペ/CB12S	FR	12A	573×2	125/7000	16.2/4000	5速MT(3速AT)	2470	4260×1580×1375	1290/1290	1020	165SR13	5	190(180)	15.8(17.5)	データはGS-Ⅱ
↑	ロータリーAPセダン/CB12S	↑	↑	↑	↑	↑	↑	↑	4260×1580×1420	↑	1025	6.45-13-4PR	↑	185(180)	15.9(17.6)	データはGR-Ⅱ
サバンナ（1971年〜1978年）　*1：1974年11月、5速MTと3速AT追加設定　*2：1974年11月、3速AT追加設定　注：1975年10月、GT、クーペ、4ドア、ワゴン全車エンジンを12A型125ps/6500rpm、16.5kg-m/4000rpmに統一し新型サバンナAPとなった																
1971/09	クーペGS-Ⅱ	FR	10A	491×2	105/7000	13.7/3500	4速MT	2310	4065×1595×1350	1300/1290	875	Z78-13-4PR	5	180	16.4	
↑	4ドアGR	↑	↑	↑	↑	↑	↑	↑	4065×1595×1375	↑	↑	6.15-13-4PR	↑	175	16.8	
1972/01	スポーツワゴン	↑	↑	↑	↑	↑	↑	↑	4085×1595×1405	↑	905	↑	↑	170	17	
1972/09	GT/S124A	↑	12A	573×2	120/6500	16.0/3500	5速MT	↑	4065×1595×1335	↑	885	Z78-13-4PR	↑	190	15.6	
1973/06	クーペGS-Ⅱ/S102A	↑	10A	491×2	105/7000	13.7/3500	4速MT(3速AT)	↑	4075×1595×1350	↑	875(895)	↑	↑	180(175)	15.9(17.9)	10A＋AT(REマチック)登場
↑	4ドアGR/S102A	↑	↑	↑	↑	↑	↑	↑	4075×1595×1375	↑	870(890)	6.15-13-4PR	↑	175(170)	16.8(18.9)	10A＋AT(REマチック)登場
1973/07	クーペGS-Ⅱ/S102A(S124A)	↑	10A(12A)	491×2(573×2)	105(120)	13.7(16.0)	4速MT(3速AT)	↑	4075×1595×(1355)	↑	875(935)	Z78-13-4PR	↑	180(180)	15.9(17.4)	( )はAPシリーズAT車
↑	4ドアGR/S102A(S124A)	↑	↑	↑	↑	↑	↑	↑	4075×1595×(1380)	↑	870(935)	6.15-13-4PR	↑	175(175)	16.8(18.2)	( )はAPシリーズAT車

発売年月	タイプ/車両型式	駆動方式	エンジン型式	排気量×ローター数 cc	最高出力 ps/rpm	最大トルク kg-m/rpm	変速機	ホイールベース mm	全長×全幅×全高 mm	トレッド 前/後 mm	車両重量 kg	タイヤ	乗車定員	最高速度 km/h	0-400m加速 秒	備考
1973/07	ワゴンGR/102W(S124W)	↑	↑	↑	↑	↑	↑	↑	4095×1595×(1400)	↑	915(990)	Z78-13-4PR	↑	170(175)	17.0(18.6)	( )はAPシリーズAT車
1973/11	サバンナAP GT/S124AB	↑	12A	573×2	125/7000	16.2/4000	5速MT	↑	4075×1595×1335	↑	935	Z70-13-4PR	↑	190	15.7	
↑	サバンナAP クーペGSⅡ/S124AB	↑	↑	↑	120/6500	16.0/4000	4速MT*1	↑	4075×1595×1355	↑	925	Z78-13-4PR	↑	185	15.8	
↑	サバンナAP 4ドアGR/S124AB	↑	↑	↑	↑	↑	↑ *1	↑	4075×1595×1380	↑	↑	6.15-13-4PR	↑	180	16.3	
↑	サバンナAP ワゴンGR/S124W	↑	↑	↑	↑	↑	↑ *2	↑	4095×1595×1400	↑	980	Z78-13-4PR	↑	180	16.6	
第2世代ルーチェロータリーシリーズ(1972年～1977年)　*1:1972年11月、AP仕様は125ps/16.2kg-mと115ps/15.7kg-m　*2:フルードカップリング(トルクグライド)付き																
1972/11	ハードトップGSⅡ/LA22S	FR	12A	573×2	130/7000*1	16.5/4000*1	5速MT(3速AT)	2510	4320×1675×1380	1380/1370	1035(1040)	B70-13-4PR	5	190(185)	15.8(17.5)	
↑	カスタムGRⅡ/LA22S	↑	↑	↑	↑	↑	↑	↑	4325×1670×1410	↑	↑	↑	↑	185(180)	15.9(17.6)	
↑	セダンGR/LA22S	↑	↑	↑	120/6500*1	16.0/3500*1	4速MT(3速AT)	↑	4240×1660×1410	↑	1010(1020)	6.45-13-4PR	↑	180(175)	16.3(18.0)	
1973/06	ハードトップGSⅡ/LA22SB	↑	↑	↑	125/7000	16.2/4000	3速AT	↑	4320×1675×1380	1380/1370	1080	B70-13-4PR	↑	180	17.7	ルーチェAP低公害車
↑	カスタムGRⅡ/LA22SB	↑	↑	↑	↑	↑	↑	↑	4325×1670×1410	↑	↑	↑	↑	175	17.8	ルーチェAP低公害車
↑	セダンGR/LA22SB	↑	↑	↑	120/6500	16.0/4000	↑	↑	4240×1660×1410	↑	1060	6.45-13-4PR	↑	↑	18.1	ルーチェAP低公害車
1973/12	ハードトップGT/LA33S	↑	13B	654×2	135/6500	18.3/4000	5速MT*2	↑	4320×1675×1380	↑	1135	195/70SR13	↑	195	15.8	GT:グランツーリスモ
↑	カスタムGT/LA33S	↑	↑	↑	↑	↑	↑	↑	4325×1670×1410	↑	↑	↑	↑	190	15.9	GT:グランツーリスモ
↑	ハードトップGSⅡ/LA22SB	↑	12A	573×2	125/7000	16.2/4000	5速MT	↑	4320×1675×1380	↑	1075	B70-13-4PR	↑	185	16.1	
↑	カスタムGRⅡ/LA22SB	↑	↑	↑	↑	↑	↑	↑	4325×1670×1410	↑	↑	↑	↑	180	16.2	
↑	セダンGR/LA22SB	↑	↑	↑	↑	↑	4速MT	↑	4240×1660×1410	↑	1050	6.45-13-4PR	↑	↑	↑	
↑	ワゴンGRⅡ/LA33W	↑	13B	654×2	135/6500	18.3/4000	5速MT*2	↑	4490×1670×1420	↑	1205	B70-13-4PR	↑	185	—	
1975/10	ハードトップGT/C-LA33S	↑	↑	↑	135/6000	19.0/4000	5速MT*2(3速AT)	↑	4405×1675×1380	↑	1190	195/70SR13	↑	195(190)	15.9(17.7)	
↑	ハードトップGSⅡ/C-LA22SB	↑	12A	573×2	125/6500	16.5/4000	5速MT(3速AT)	↑	4405×1665×1380	↑	1115(1120)	B70-13-4PR	↑	185(180)	16.2(17.9)	
↑	カスタムGT/C-LA33S	↑	13B	654×2	135/6000	19.0/4000	5速MT*2(3速AT)	↑	4400×1670×1410	↑	1190	195/70SR13	↑	190(185)	16.0(17.8)	
↑	カスタムGRⅡ/C-LA22SB	↑	12A	573×2	125/6500	16.5/4000	5速MT(3速AT)	↑	4400×1660×1410	↑	1115(1120)	B70-13-4PR	↑	180(175)	16.3(18.0)	
↑	ワゴンGRⅡ/C-LA33W	↑	13B	654×2	135/6000	19.0/4000	5速MT*2(3速AT)	↑	4540×1660×1420	↑	1260	↑	↑	185(180)	16.3(18.1)	
第3世代ルーチェロータリーシリーズ/ルーチェレガート(1977年～1981年)　*1:スチールラジアル																
1977/10	ピラードHT LIMITED/C-LA43S	FR	13B	654×2	135/6000	19.0/4000	5速MT(3速AT)	2610	4625×1690×1385	1430/1400	1235(1225)	175SR14*1	5	—	16.7/18.7	ルーチェレガート(縦四ツ目)
↑	セダン LIMITED/C-LA43S	↑	↑	↑	↑	↑	↑	↑	4625×1690×1410	↑	1230(1220)	↑	↑	—	↑	ルーチェレガート(縦四ツ目)
1978/07	ピラードHT LIMITED/E-LA43S	↑	↑	↑	140/6500	19.0/4000	↑	↑	4625×1690×1385	↑	1235(1225)	↑	↑	—	—	セダンRE車は廃止(縦四ツ目)
1979/10	ピラードHT LIMITED/E-LA43S	↑	↑	↑	↑	↑	↑	↑	4665×1690×1385	↑	↑	↑	↑	—	—	変形2灯ヘッドランプ
↑	ピラードHT GT/E-LA43S	↑	↑	↑	↑	↑	5速MT	↑	↑	↑	1175	195/70HR14*1	↑	—	—	変形2灯ヘッドランプ

発売年月	タイプ/車両型式	駆動方式	エンジン型式	排気量×ローター数 cc	最高出力 ps/rpm	最大トルク kg-m/rpm	変速機	ホイールベース mm	全長×全幅×全高 mm	トレッド 前/後 mm	車両重量 kg	タイヤ	乗車定員	最高速度 km/h	0-400m加速 秒	備考
第4世代ルーチェロータリーシリーズ(1981年～1986年) *1:1982年10月、4速AT追加設定 *2:SI(SUPER INJECTION																
1981/11	ハードトップLIMITED/E-HBSN2	FR	12A(6PI)	573×2	130/7000	16.5/4000	5速MT(3速AT)*1	2615	4640×1690×1360	1430/1420	1185(1190	195/70HR14	5	—	—	
↑	サルーンLIMITED/E-HBSN2	↑	↑	↑	↑	↑	↑	↑	4670×1690×1410	↑	1175(1180)	↑	↑	—	—	
1982/10	ハードトップターボLIMITED	↑	12Aターボ	↑	160/6500	23.0/4000	5速MT	↑	4640×1690×1360	↑	1225	↑	↑	—	—	
↑	サルーンターボLIMITED	↑	↑	↑	↑	↑	↑	↑	4670×1690×1410	↑	1210	↑	↑	—	—	
1983/10	ハードトップターボLIMITED	↑	12Aインパクトターボ	↑	165/6500	↑	5速MT(4速AT)	↑	4665×1690×1360	↑	1215(1235)	↑	↑	—	—	マイナーチェンジ車
↑	サルーンターボLIMITED	↑	↑	↑	↑	↑	↑	↑	4690×1690×1410	↑	1200(1220)	↑	↑	—	—	マイナーチェンジ車
↑	ハードトップ SI*2 LIMITED/E-HB3S	↑	13B Si	654×2	160/6000	20.5/3000	4速AT	↑	4665×1690×1360	↑	1235	195/70SR14	↑	—	—	マイナーチェンジ車
↑	サルーン SI*2 LIMITED/E-HB3S	↑	↑	↑	↑	↑	↑	↑	4690×1690×1410	↑	1215	↑	↑	—	—	マイナーチェンジ車
第5世代ルーチェロータリー(1986年～1991年) *1:インタークーラー付きターボ *2:ネット値 *3:Royal Classicの車両重量、他の仕様はLIMITEDと同じ																
1986/09	ハードトップターボLIMITED/E-HC3S	FR	13Bターボ*1	654×2	180/6500*2	25.0/3500*2	4速AT	2710	4690×1695×1395	1440/1450	1420(1500*3)	195/65 R15 90H	5	—	—	
第2世代コスモAPロータリー(1975年～1981年)、コスモLロータリー(1977年～1981年) *1:1976年5月、5速MTを追加設定し、1977年5月、4速MTを廃止し5速MTのみの設定となった																
1975/10	コスモAP Limited/C-CD23C	FR	13B	654×2	135/6000	19.0/4000	5速MT(3速AT)	2510	4545×1685×1325	1380/1370	1220	185/70SR14	5	195(190)	15.9(17.7	
↑	コスモAP Super Custom/C-CD22C	↑	12A	573×2	125/6500	16.5/4000	↑	↑	4475×1685×1325	↑	1175	↑	↑	185(180)	16.3(18.1)	
↑	コスモAP Custom/C-CD22C	↑	↑	↑	↑	↑	4速MT*1	↑	↑	↑	1160	B78-14-4PR	↑	185	16.3	
1977/07	コスモL Limited/C-CD23C	FR	13B	654×2	135/6000	19.0/4000	5速MT(3速AT)	2510	4500×1685×1340	↑	1200(1195)	185/70SR14	↑	—	15.9(17.7)	1979/3、AT車は140ps採用
↑	コスモL Super Custom/C-CD22C	↑	12A	573×2	125/6500	16.5/4000	↑	↑	↑	↑	1160(1165)	↑	↑	—	16.3(18.1)	
↑	コスモL Custom/C-CD22C	↑	↑	↑	↑	↑	5速MT	↑	↑	↑	1155	6.45-14-4PR	↑	—	16.3	
1979/03	コスモ(クーペ) Limited/E-CD23C	↑	13B	654×2	140/6000	19.0/4000	5速MT(3速AT)	2510	4545×1685×1325	1380/1370	1195(1190)	185/70SR14	↑	—	—	REクーペ全車13Bに統一
1979/09	コスモ(クーペ) Limited/E-CD23C	↑	↑	↑	↑	↑	↑	↑	4630×1685×1325	↑	1445(1440)	195/70HR14	↑	—	—	
↑	コスモL Limited/E-CD23C	↑	↑	↑	↑	↑	↑	↑	4625×1685×1340	↑	1450(1445)	↑	↑	—	—	REコスモL全車13Bに統一
第3世代コスモ ロータリー(1981年～1990年) *1:1982年9月、12A(EGIターボ付)160ps/6500rpm、23.0kg-m/4000rpmが追加設定された *2:2ドアHTのフロントフェース大幅に変更 *3:ネット値 注:1986年9月、13Bは廃止され12Aターボの5速MTと4速ATのみとなった																
1981/11	2ドアHT LIMITED/E-HBSN2	FR	12A(6PI)*1	573×2	130/7000	16.5/4000	5速MT(4/3速AT)	2615	4640×1690×1340	1430/1425	1170(1195)	195/70SR14	5	—	—	ATの数値は4速のもの
↑	4ドアHT LIMITED/E-HBSN2	↑	↑	↑	↑	↑	↑	↑	4640×1690×1360	1430/1420	1185(1205)	↑	↑	—	—	ATの数値は4速のもの
↑	サルーンLIMITED/E-HBSN2	↑	↑	↑	↑	↑	↑	↑	4670×1690×1410	↑	1175(1195)	↑	↑	—	—	ATの数値は4速のもの
1983/10	2ドアHT LIMITED/E-HBSN2	↑	12Aターボ	↑	165/6500	23.0/4000	5速MT(4速AT)	↑	4665×1690×1340	1430/1425	1205(1225)	↑	↑	—	—	12Aノンターボも存続する
↑	4ドアHT LIMITED/E-HBSN2	↑	↑	↑	↑	↑	↑	↑	4665×1690×1360	1430/1420	1215(1235)	↑	↑	—	—	12Aノンターボも存続する
↑	4ドアHT LIMITED/E-HB3S	↑	13B Si	654×2	160/6000	20.5/3000	4速AT	↑	↑	↑	1235	↑	↑	—	—	1985/5、12Aノンターボ廃止
↑	サルーンLIMITED/E-HBSN2	↑	12Aターボ	573×2	165/6500	23.0/4000	5速MT(4速AT)	↑	4690×1690×1410	↑	1200(1220)	↑	↑	—	—	12Aノンターボも存続する

発売年月	タイプ/車両型式	駆動方式	エンジン型式	排気量×ローター数 cc	最高出力 ps/rpm	最大トルク kg-m/rpm	変速機	ホイールベース mm	全長×全幅×全高 mm	トレッド 前/後 mm	車両重量 kg	タイヤ	乗車定員	最高速度 km/h	0-400m加速 秒	備考
1983/10	サルーンLIMITED/E-HB3S	↑	13B Si	654×2	160/6000	20.5/3000	4速AT	↑	↑	↑	1215	↑	↑	—	—	1985/5、12Aノンターボ廃止
1984/09	2ドアHT LIMITED/E-HB3S*2	↑	↑	↑	↑	↑	↑	↑	4665×1690×1340	1430/1425	1220	↑	↑	—	—	13B追加、12Aノンターボ廃止
1988/10	2ドアHT LIMITED/E-HBSN2	↑	12Aターボ	↑	130/6000*3	20.0/3500*3	5速MT(4速AT)	↑	↑	↑	1205(1225)	↑	↑	—	—	
↑	4ドアHT LIMITED/E-HBSN2	↑	↑	↑	↑	↑	↑	↑	4665×1690×1360	1430/1420	1215(1235)	↑	↑	—	—	
第4世代ユーノスコスモ(1990年～1995年) *1:ネット値 *2:Type-Sのタイヤは225/50R16 92V																
1990/04	Type-E(Type-S)/E-JCESE	FR	20B-REW	654×3	280/6500*1	41.0/3000*1	4速AT	2750	4815×1795×1305	1520/1510	1610(1590)	215/60R15 90H*2	4	—	—	
↑	Type-E(Type-S)/E-JC3SE	↑	13B-REW	654×2	230/6500*1	30.0/3500*1	↑	↑	↑	↑	1510(1490)	↑	↑	—	—	
ロータリーピックアップ(1974年～1977年) *1:SAEネット *2:ATはオプション																
1974/04	ロータリーピックアップ	FR	13B	654×2	110/6000*1	16.4/3500*1	4速MT(3速AT*2)	2642	4394×1702×1549	1422/1422	1234(1238)	7.35-14-6PR	—	—	—	対米輸出専用車
パークウェイロータリー26バス(1974年～1976年) *1:標準モデルは26人乗り																
1974/07	スーパーデラックス/TA13L	FR	13B	654×2	135/6500	18.3/4000	4速MT(OD付)	3285	6195×1980×2275	1525/1470	3260	6.50-16-8PR	13*1	120	—	
ロードペーサーAP(1975年～1977年)																
1975/04	ロードペーサーAP/C-RA13S	FR	13B	654×2	135/6000	19.0/4000	3速AT	2830	4850×1885×1465	1530/1530	1575(1565)	7.50-14-4PR	5(6)	165	—	( )はフロントベンチシート
サバンナRX-7(1978年～1985年) *1:6 Port Induction(6PI)採用																
1979/03	サバンナRX-7 Limited/E-SA22C	FR	12A	573×2	130/7000	16.5/4000	5速MT(3速AT)	2420	4285×1675×1260	1420/1400	1005(1015)	185/70SR13	4	—	15.8(17.4)	
1980/11	サバンナRX-7 SE-Limited/E-SA22C	↑	↑	↑	↑	↑	↑	↑	4320×1670×1265	↑	↑	↑	↑	—	—	
1982/03	サバンナRX-7 SE-Limited/E-SA22C	↑	12A*1	↑	↑	↑	↑	↑	↑	↑	985(995)	↑	↑	—	—	20kg軽量化
1983/09	サバンナRX-7 SE-Limited/E-SA22C	↑	12A(ターボ)	↑	165/6500	23.0/4000	5速MT	↑	↑	↑	1035	205/60R14 87H	↑	—	—	ノンターボ車も継続生産
第2世代サバンナRX-7(1985年～1992年)																
1985/10	サバンナRX-7 GT-Limited/E-FC3S	FR	13B(ICターボ)	654×2	185/6500	25.0/3500	5速MT(4速AT)	2430	4310×1690×1270	1450/1440	1280(1290)	205/60R15 89H	4	—	—	
1987/08	サバンナRX-7 Cabriolet/E-FC3C	↑	↑	↑	↑	↑	↑	↑	↑	↑	1360(1370)	↑	↑	—	—	
1989/04	サバンナRX-7 GT-Limited/E-FC3S	↑	↑	↑	205/6500	27.5/3500	↑	↑	4335×1690×1270	↑	1310(1320)	↑	↑	—	—	
↑	サバンナRX-7 Cabriolet/E-FC3C	↑	↑	↑	↑	↑	↑	↑	↑	↑	1390(1400)	↑	↑	—	—	
第3世代アンフィニ(旧サバンナ)RX-7(1991年～2002年) *1:インタークーラー付きシーケンシャルツインターボ *2:前235/45ZR17、後255/40ZR17																
1991/12	アンフィニRX-7 Type X/E-FD3S	FR	13B-REW(ターボ)*1	654×2	255/6500	30.0/5000	5速MT(4速AT)	2425	4295×1760×1230	1460/1460	1290(1320)	225/50R16 92V	4	—	—	
1992/10	アンフィニRX-7 Type RZ/E-FD3S	↑	↑	↑	↑	↑	5速MT	↑	↑	↑	1230	225/50ZR16	2	—	—	300台限定販売車
1996/01	アンフィニRX-7 Type RZ/E-FD3S	↑	↑	↑	265/6500	↑	↑	↑	4280×1760×1230	↑	1250	*2	↑	—	—	カタログモデル
↑	アンフィニRX-7 Touring X/E-FD3S	↑	↑	↑	255/6500	↑	4速AT	↑	↑	↑	1330	255/50R16 92V	4	—	—	
1999/01	RX-7 Type RS(Type R)/GF-FD3S	↑	↑	↑	280/6500	32.0/5000	5速MT	↑	4285×1760×1230	↑	1280(1260)	*2 (255/50ZR16)	↑	—	—	1997年10月アンフィニ削除

発売年月	タイプ/車両型式	駆動方式	エンジン型式	排気量×ローター数 cc	最高出力 ps/rpm	最大トルク kg-m/rpm	変速機	ホイールベース mm	全長×全幅×全高 mm	トレッド 前/後 mm	車両重量 kg	タイヤ	乗車定員	最高速度 km/h	0-400m加速 秒	備考
1999/01	RX-7 Type RB(MT)/GF-FD3S	↑	↑	↑	265/6500	30.0/5000	↑	↑	↑	↑	1240	225/50R16 92V	↑	—	—	
↑	RX-7 Type RB(AT)/GF-FD3S	↑	↑	↑	255/6500	↑	4速AT	↑	↑	↑	1280	↑	↑	—	—	
RX-8(2003年～2012年) *1:2009年5月、MT車は廃止、AT車はType Gとして最後まで継続 *2:2011年11月、Type E(6AT)とType RS(6MT)をベースに最後の特別仕様車SPIRIT Rとして発売																
2003/04	RX-8/LA-SE3P	FR	13B-MSP	654×2	210/7200	22.6/5000	5速MT(4速AT)	2700	4435×1770×1340	1500/1505	1310(1330)	225/55R16 94V	4	—	—	
↑	RX-8 Type E/LA-SE3P	↑	↑	↑	↑	↑	4速AT	↑	↑	↑	1330	↑	↑	—	—	
↑	RX-8 Type S/LA-SE3P	↑	↑	↑	250/8500	22.0/5500	6速MT	↑	↑	↑	1310	225/45R18 91W	↑	—	—	
2008/03	RX-8/CBA-SE3P(ABA-SE3P)*1	↑	↑	↑	215/7450	↑	5速MT(6速AT)	↑	4470×1770×1340	1500/1500	1340(1360)	225/50R17 94W	↑	—	—	
↑	RX-8 Type E/ABA-SE3P*2	↑	↑	↑	↑	↑	6速AT	↑	↑	↑	1360	↑	↑	—	—	
↑	RX-8 Type S/ABA-SE3P	↑	↑	↑	235/8200	↑	6速MT	↑	↑	1500/1505	1350	225/45R18 91W	↑	—	—	
↑	RX-8 Type RS/ABA-SE3P*2	↑	↑	↑	↑	↑	↑	↑	↑	1505/1510	↑	225/40R19 89W	↑	—	—	
MX-30 Rotary EV(2023年～) *1:ロータリーエンジンは車両駆動用ではなく、EVのレンジエクステンダーとして発電機を駆動する																
2023/11	MX-30 Rotary EV/3LA-DR8V3P	FF	8C-PH*1	830×1	72/4500	11.4/4500	—	2655	4395×1795×1595	1565/1565	1780	215/55R18 95H	5	—	—	

ロータリーエンジン関係受賞一覧

表彰名	受賞年度	表彰者	受賞事項
増田賞	1968.1	日刊工業新聞社	ロータリーエンジンの開発
モータートレンド賞	1968.2	モータートレンド誌(アメリカ)	世界初の2ローターロータリーエンジンの量産化
中国文化賞	1968.11	中国新聞社	同上
科学技術庁長官賞	1969.4	科学技術庁	同上
機械振興協会賞	1969.10	機械振興協会	ロータリーエンジンの開発
日本機械学会賞	1970.4	日本機械学会	同上
カペラ「カー・オブ・ザ・イヤー」	1972.1	モーターファン誌	1972年の日本でもっとも優れた乗用車
カペラ「1972年最優秀車賞」	1972.1	ロードテスト誌(アメリカ)	1972年のアメリカでもっとも優れた乗用車
毎日新聞技術賞	1972.12	毎日新聞社	ロータリーエンジンのカーボンアペックスシール
発明奨励賞(中国地方)	1974	発明協会	強制空冷式サーマルリアクター
環境保全功労賞	1976.6	環境庁	自動車公害防止に多大の貢献
サバンナRX-7「カー・オブ・ザ・イヤー」	1979.1	モーターファン誌	1979年の日本でもっとも優れた乗用車
サバンナRX-7「カー・オブ・ザ・ディケード」	1980	モーターファン誌	過去10年間を通して日本でもっとも優れた乗用車
自動車技術会　中川賞	1982.5	自動車技術会	ロータリーエンジンの研究開発(6PI)
広島通商産業局長賞(中国地方)	1984.11	発明協会	ロータリーエンジンの吸気装置(6PI)
機械振興協会賞	1984.11	機械振興協会	スーパーインジェクション型ロータリーエンジン
自動車技術会 技術貢献賞	1985.10	自動車技術会	ロータリーエンジンなどの新技術実用化
サバンナRX-7「インポート・カー・オブ・ザ・イヤー」	1986.1	モータートレンド誌(アメリカ)	1986年のアメリカでもっとも優れた輸入乗用車
科学技術庁長官賞	1989.4	科学技術庁	ロータリーエンジンの新型吸気装置の開発と育成
アンフィニRX-7「RJCカー・オブ・ザ・イヤー」	1991.12	RJC (日本自動車研究者・ジャーナリスト会議)	1991年を記念するにふさわしい新型国産車
山本健一「RJCマン・オブ・ザ・イヤー」	1991.12	RJC (日本自動車研究者・ジャーナリスト会議)	1991年を記念するにふさわしい自動車界人物
アンフィニRX-7「インポート・カー・オブ・ザ・イヤー」	1993.1	モータートレンド誌(アメリカ)	1993年のアメリカでもっとも優れた輸入乗用車
日本機械学会賞研究奨励賞	1996.4	日本機械学会	ロータリーエンジン作動室内流れ場の数値流体力学的研究
RENESIS 「インターナショナル・エンジン・オブ・ザ・イヤー」	2003.5	エンジン・テクノロジー・インターナショナル	2003年に世界で最も優れたエンジン
RX-8「RJCカー・オブ・ザ・イヤー」	2003.11	RJC (日本自動車研究者・ジャーナリスト会議)	2003年を記念するにふさわしい新型国産車
RENESIS「RJCテクノロジー・オブ・ザ・イヤー」	2003.11	RJC (日本自動車研究者・ジャーナリスト会議)	2003年を記念するにふさわしい技術
RENESIS「日本機械学会賞(技術)」	2004.4	日本機械学会	自動車用サイド排気ポート方式ロータリーエンジンの開発
インターナショナル・エンジン・オブ・ザ・イヤー 2.5~3.5リットル」部門賞	2004.5	エンジン・テクノロジー・インターナショナル	「2.5~3.0リットル」部門のベストエンジン

マツダロータリーのル・マン挑戦の戦歴

年	マシーン	エントラント	カーNo.	ドライバー	クラス	エンジン	排気量	最高出力	燃料供給
1970	シェブロンB16・マツダ	リーバイス・レーシング	48	Y. デプレ/J. ペルネーブ	Gp6:2ℓ	10A	491cc×2ローター×係数2=1964cc		Nikki
1973	シグマMC73・マツダ	シグマ・オートモティブ	26	生沢徹/鮒子田 寛/P. ダル・ボ	S	12A	573cc×2ローター×係数2=2292cc		
1974	シグマMC74・マツダ	シグマ・オートモティブ	25	高橋晴邦/岡本安弘/寺田陽次朗	S	12A	573cc×2ローター×係数2=2292cc	260ps/9000rpm	ウェーバー
1975	マツダS124A		98	C. ブシェ/J. ロンドー	TS	12A	573cc×2ローター×係数2=2292cc		
1979	マツダRX7-252i	マツダオート東京	77	生沢徹/寺田陽次朗/C. ブシェ	IMSA	13B	654cc×2ローター×係数2=2616cc	280ps	クーゲルフィッシャー
1980	マツダRX7	Z&Wエンタープライズ	86	E. ソト/P. ボネガー/M. ハッチンス	IMSA	12A	573cc×2ローター×係数2=2292cc		キャブ
1981	マツダRX7-253	マツダオート東京	37	T. ウォーキンショー/生沢徹/P. ラベット	IMSA-GTO	13B	654cc×2ローター×係数2=2616cc	300ps	ウェーバー
	マツダRX7-253	マツダオート東京	38	寺田陽次朗/W. パーシー/鮒子田 寛	IMSA-GTO	13B	654cc×2ローター×係数2=2616cc	300ps	ウェーバー
	マツダRX7	Z&Wエンタープライズ	39	D. ベルミールシュ/F. スティップ/R. ラトクリフ	IMSA-GTU	12A	573cc×2ローター×係数2=2292cc	300ps/9000rpm	キャブ
1982	マツダRX7-254	マツダオート東京	82	寺田陽次朗/従野孝司/A. モファット	IMSA-GTX	13B	654cc×2ローター×係数2=2616cc	300ps/9000rpm	ルーカス
	マツダRX7-254	マツダオート東京	83	T. ウォーキンショー/P. ラベット/C. ニコルソン	IMSA-GTX	13B	654cc×2ローター×係数2=2616cc	300ps/9000rpm	ルーカス
1983	マツダ717C	マツダスピード	60	片山義美/寺田陽次朗/従野孝司	Cジュニア	13B	654cc×2ローター×係数2=2616cc	300ps/9000rpm	ボッシュ
	マツダ717C	マツダスピード	61	J. アラム/S. ソーパー/J. ウィーバー	Cジュニア	13B	654cc×2ローター×係数2=2616cc	300ps/9000rpm	ボッシュ
	ハリアーRX83C・マツダ	マンズ・レーシング	62	R. ベイカー/P. ホネガー/D. パーマー	Cジュニア	13B	654cc×2ローター×係数2=2616cc	290ps/9000rpm	ウェーバー
1984	マツダ727C	マツダスピード	86	寺田陽次朗/従野孝司/P. デュドネ	C2	13B	654cc×2ローター×係数2=2616cc	300ps/9000rpm	ボッシュ
	マツダ727C	マツダスピード	87	D. ケネディ/J-M. マルタン/P. マルタン	C2	13B	654cc×2ローター×係数2=2616cc	300ps/9000rpm	ボッシュ
	ローラT616・マツダ	BFグッドリッチ	67	J. ハズビー/B. ハイエ/R. ヌーブ	C2	13B	654cc×2ローター×係数2=2616cc	300ps/9000rpm	ボッシュ
	ローラT616・マツダ	BFグッドリッチ	68	J. オスティーン/J. モートン/片山義美	C2	13B	654cc×2ローター×係数2=2616cc	300ps/9000rpm	ボッシュ
1985	マツダ737C	マツダスピード	85	片山義美/寺田陽次朗/従野孝司	C2	13B	654cc×2ローター×係数2=2616cc	300ps/9000rpm	ウェーバー
	マツダ737C	マツダスピード	86	D. ケネディ/J-M. マルタン/P. マルタン	C2	13B	654cc×2ローター×係数2=2616cc	300ps/9000rpm	ウェーバー
1986	マツダ757	マツダスピード	170	D. ケネディ/M. ギャルビン/P. デュドネ	IMSA-GTP	13G	654cc×3ローター×係数1.8=3532cc	450ps/8500rpm	日本電装
	マツダ757	マツダスピード	171	片山義美/寺田陽次朗/従野孝司	IMSA-GTP	13G	654cc×3ローター×係数1.8=3532cc	450ps/8500rpm	日本電装
1987	マツダ757	マツダスピード	201	片山義美/寺田陽次朗/従野孝司	IMSA-GTP	13G	654cc×3ローター×係数1.8=3532cc	450ps/8500rpm	日本電装
	マツダ757	マツダスピード	202	D. ケネディ/M. ギャルビン/P. デュドネ	IMSA-GTP	13G	654cc×3ローター×係数1.8=3532cc	450ps/8500rpm	日本電装
1988	マツダ767	マツダスピード	201	片山義美/D. レズリー/M. デュエズ	IMSA-GTP	13J改	654cc×4ローター×係数1.8=4709cc	550ps/8500rpm	日本電装
	マツダ767	マツダスピード	202	従野孝司/H. ルゴー/W. ホイ	IMSA-GTP	13J改	654cc×4ローター×係数1.8=4709cc	550ps/8500rpm	日本電装
	マツダ757	マツダスピード	203	寺田陽次朗/D. ケネディ/P. デュドネ	IMSA-GTP	20B	654cc×3ローター×係数1.8=3532cc	450ps/8500rpm	日本電装
1989	マツダ767B	マツダスピード	201	C. ホッジス/D. ケネディ/P. デュドネ	IMSA-GTP	13J改	654cc×4ローター×係数1.8=4709cc	630ps/9000rpm	日本電装
	マツダ767B	マツダスピード	202	従野孝司/H. ルゴー/E. フォーブス-ロビンソン	IMSA-GTP	13J改	654cc×4ローター×係数1.8=4709cc	630ps/9000rpm	日本電装
	マツダ767B	マツダスピード	203	寺田陽次朗/M. デュエズ/V. バイドラー	IMSA-GTP	13J改	654cc×4ローター×係数1.8=4709cc	630ps/9000rpm	日本電装
1990	マツダ787	マツダスピード	201	S. ヨハンソン/D. ケネディ/P. デュドネ	IMSA-GTP	R26B	655cc×4ローター×係数1.8=4709cc	700ps/9000rpm	日本電装
	マツダ787	マツダスピード	202	B. ガショー/J. ハーバート/V. バイドラー	IMSA-GTP	R26B	654cc×4ローター×係数1.8=4709cc	700ps/9000rpm	日本電装
	マツダ767B	マツダスピード	203	片山義美/従野孝司/寺田陽次朗	IMSA-GTP	13JL	654cc×4ローター×係数1.8=4709cc	630ps/9000rpm	日本電装
1991	マツダ787B	マツダスピード	18	D. ケネディ/S. ヨハンソン/M. サンドロ-サラ	C2	R26B	654cc×4ローター×係数1.8=4709cc	700ps/9000rpm	日本電装
	マツダ787B	マツダスピード	55	V. バイドラー/J. ハーバート/B. ガショー	C2	R26B	654cc×4ローター×係数1.8=4709cc	700ps/9000rpm	日本電装
	マツダ787	マツダスピード	56	従野孝司/寺田陽次朗/P. デュドネ	C2	R26B	654cc×4ローター×係数1.8=4709cc	700ps/9000rpm	日本電装

年	ミッション	タイヤ	カーNo.	車両重量	最高速	予選			レース						
						順位	タイム	平均時速	総合順位	クラス順位	周回数	走行距離	平均時速	リタイヤ原因	ベストラップ
1970			48	570kg	255km/h	40	4'24"2	183.529km/h	R	—		—	—	1"26' エンジン	
1973		ブリジストン	26			14	4'11"1	195.556km/h	R	—	79	—	—	10"30' クラッチ	
1974	ヒューランド5	ダンロップ	25	628kg	259km/h	27	4'20"4	188.571km/h	DNC	—	155	2104.435	87.685	—	4'21"2
1975			98			50	4'44"2	172.780km/h	R	—		—	—	13'	
1979	マツダ5	ダンロップ	77	964kg		57	4'18"88	189.484km/h	DNQ	—	—	—	—	—	—
1980	マツダ5	グッドイヤー	86	1020kg	247km/h	54	4'36"1	177.666km/h	21位	7位	266	3637.605km	151.566km/h	—	4'35"5
1981	マツダ5	ダンロップ	37	967kg		51	4'07"18	198.453km/h	R	—	107	—	—	9'59' ギアボックス	
	マツダ5	ダンロップ	38	955kg		49	4'04"79	200.391km/h	R	—	25	—	—	1'59' デフ	
	マツダ5	ダンロップ	39			57	4'21"97	187.249km/h	DNQ	—	—	—	—	—	—
1982	マツダ5	ダンロップ	82	960kg		50	4'04"74	200.431km/h	14位	6位	282	3853.517km	160.563km/h	—	4'15"2
	マツダ5	ダンロップ	83	976kg		53	4'11"29	195.207km/h	R	—	180	—	—	13'42' 燃料系統	4'13"5
1983	ヒューランド5	ダンロップ	60	780kg	294km/h	44	4'06"13	199.300km/h	12位	優勝	302	4122.093km	171.753km/h	—	4'09"4
	ヒューランド5	ダンロップ	61	789kg	308km/h	43	4'05"92	199.470km/h	18位	2位	267	3646.511km	151.937km/h	—	4'07"7
	ヒューランド5	エイヴォン	62	706kg	247km/h	53	4'33"30	179.486km/h	DNQ	—	—	—	—	—	—
1984	ヒューランド5	ダンロップ	86	749kg	288km/h	33	3'47"60	215.525km/h	20位	6位	261	3567.973km	148.665km/h	—	4'03"3
	ヒューランド5	ダンロップ	87	751kg	285km/h	43	3'58"43	205.736km/h	15位	4位	290	3963.113km	165.129km/h	—	4'01"6
	ヒューランド5	BFグッドリッチ	67		291km/h	40	3'56"68	207.257km/h	12位	3位	294	4016.821km	167.367km/h	—	4'03"6
	ヒューランド5	BFグッドリッチ	68		293km/h	39	3'56"43	207.476km/h	10位	優勝	319	4357.491km	181.562km/h	—	4'04"0
1985	ヒューランド5	ダンロップ	85	737kg	268km/h	40	3'57"73	206.342km/h	24位	6位	263	3590.741km	149.61km/h	—	4'00"5
	ヒューランド5	ダンロップ	86	751kg	288km/h	44	4'00"78	203.728km/h	19位	3位	282	3853.027km	160.542km/h	—	4'03"4
1986	マツダ/ポルシェ5	ダンロップ	170	811kg	311km/h	29	3'44"74	216.698km/h	R	—	137	—	—	9'42' ドライブシャフト	3'40"9
	マツダ/ポルシェ5	ダンロップ	171	811kg	812km/h	25	3'43"31	218.086km/h	R	—	59	—	—	3'55' ドライブシャフト	3'45"9
1987	マツダ/ポルシェ5	ダンロップ	201	795kg	297km/h	27	3'45"56	215.911km/h	R	—	34	—	—	2'40' エンジン	3'46"4
	マツダ/ポルシェ5	ダンロップ	202	795kg	298km/h	28	3'47"53	214.041km/h	7位	優勝	318	4305.037km	179.376km/h	—	3'44"4
1988	マツダ/ポルシェ5	ダンロップ	201	867kg	344km/h	29	3'39"60	221.885km/h	17位	2位	330	4466.550km	185.524km/h	—	3'34"71
	マツダ/ポルシェ5	ダンロップ	202	867kg	354km/h	28	3'39"32	222.169km/h	19位	3位	305	4128.175km	171.008km/h	—	3'35"34
	マツダ/ポルシェ5	ダンロップ	203	797kg	322km/h	37	3'44"99	216.570km/h	15位	優勝	337	4561.295km	189.454km/h	—	3'42"19
1989	マツダ/ポルシェ5	ダンロップ	201	841kg	350km/h	28	3'31"38	220.101km/h	7位	優勝	368	4980.880km	207.892km/h	—	3'32"00
	マツダ/ポルシェ5	ダンロップ	202	840kg	358km/h	16	3'25"45	237.167km/h	9位	2位	365	4940.275km	206.196km/h	—	3'28"52
	マツダ/ポルシェ5	ダンロップ	203	857kg	345km/h	34	3'36"69	224.865km/h	12位	3位	339	4588.365km	191.507km/h	—	3'33"07
1990	マツダ/ポルシェ5	ダンロップ	201	831kg	348km/h	23	3'43"35	219.208km/h	R	—	147	—	—	10'58' エンジン	3'48"50
	マツダ/ポルシェ5	ダンロップ	202	834kg	348km/h	22	3'43"04	219.512km/h	R	—	148	—	—	13'51' 電気系統	3'47"33
	マツダ/ポルシェ5	ダンロップ	203	852kg	339km/h	34	3'49"45	213.380km/h	20位	優勝	304	4134.4km	172.733km/h	—	3'49"91
1991	マツダ/ポルシェ5	ダンロップ	18	850kg	320km/h	17	3'46"641	216.024km/h	6位	6位	355	4828.0km	201.361km/h	—	3'42"185
	マツダ/ポルシェ5	ダンロップ	55	845kg	334km/h	12	3'43"503	219.057km/h	優勝	優勝	362	4923.2km	205.333km/h	—	3'42"958
	マツダ/ポルシェ5	ダンロップ	56	850kg	321km/h	24	3'50"161	212.721km/h	8位	8位	346	4705.6km	196.610km/h	—	3'50"467

R:リタイヤ　DNC:完全規格周回数に達せず　DNQ:予選不通過

Data Compiled by Giro

（「POLE POSITION」VOl.25 より引用）

モータースポーツの歴史

年	月	イベント名	車名	成績
1968	8	マラソン・デ・ラ・ルート84時間レース	コスモスポーツ	総合4位　ロータリーエンジン車初レース
1969	4	シンガポールグランプリ（ツーリング&サルーンカーレース）	ファミリアロータリークーペ	総合1位
	7	スパ・フランコルシャン24時間レース	ファミリアロータリークーペ	総合5、6位
	8	マラソン・デ・ラ・ルート84時間レース	ファミリアロータリークーペ	総合5位
	11	全日本鈴鹿自動車レース（グランドカップ）	ファミリアロータリークーペ	総合1位
1970	6	RACツーリストトロフィー	ファミリアプレストロータリークーペ	総合8、10、12位
	7	西ドイツ・ツーリングカーグランプリ	ファミリアプレストロータリークーペ	総合4、5、6位
	7	スパ・フランコルシャン24時間レース	ファミリアプレストロータリークーペ	総合5位
1971	7	富士1000キロ	カペラロータリー	T-IIIクラス1位　総合3位
	12	富士ツーリストトロフィー	サバンナ	総合1位（サバンナ国内レース1勝目）
1972	5	日本グランプリ（TS-bレース）	サバンナRX-3	総合1、2、3位
	8	全日本鈴鹿300キロ・ツーリングカー	サバンナRX-3	総合1位
	'72	富士GCシリーズ（スーパーツーリングカー部門）	サバンナRX-3	チャンピオン
1973	5	日本グランプリ（TS-bレース）	サバンナRX-3	総合1位
	8	全日本鈴鹿グレート20ドライバーズ（Tレース）	サバンナRX-3	総合1位
	'73	富士GCシリーズ（スーパーツーリング部門）	サバンナRX-3	チャンピオン
1974	9	富士インター200マイル	シグマGC73・マツダ	総合2位
	12	富士ツーリストトロフィー	サバンナRX-3	総合1位
1975	5	日本グランプリ（TS/GTS-Bレース）	サバンナRX-3	総合1位
	10	富士マスターズ250キロ（スーパーT>レース）	サバンナRX-3	総合1位
	'75	富士GCシリーズ（スーパーT>レース）	サバンナRX-3	チャンピオン
1976	5	JAFグランプリ（TS/GTS-Bレース）	サバンナRX-3	総合1位（サバンナRX-3国内レース通算100勝目）
	9	富士インター200マイル（スーパーT>レース）	サバンナRX-3	総合1位
	'76	富士GCシリーズ（スーパーT>レース）	サバンナRX-3	チャンピオン
1977	5	富士1000キロ	マーチ75S・マツダ	総合1位
	9	富士インター200マイル	マーチ76S・マツダ	総合1位（ロータリーエンジン搭載車GCシリーズメインレース初優勝）
	12	富士500マイル	マーチ75S・マツダ	総合1位
	'77	富士GCシリーズ（スーパーツーリング部門）	サバンナRX-3	チャンピオン
		富士ロングディスタンスシリーズ	マーチ75S・マツダ	チャンピオン
1978	5	JAFグランプリ（TS/GTS-Bレース）	サバンナRX-3	総合1位
	7	富士1000キロ	マーチ75S・マツダ	総合1位
	9	富士インター200マイル	マーチ76S・マツダ	総合1位
	11	富士ビクトリー200キロ	マーチ75S・マツダ	総合1位
	'78	富士ロングディスタンスシリーズ	マーチ75S・マツダ	チャンピオン
1979	2	IMSAシリーズ デイトナ24時間レース	サバンナRX-7	GTU 1、2位（総合5、6位）
	4	富士500キロ	マーチ76S・マツダ	総合1位
	9	富士インター500マイル	MCS・マツダ	総合1位
	10	富士マスターズ250キロ	KR-1・マツダ	総合1位
	'79	英国サルーンカー選手権（1600～2300cc）	サバンナRX-7	チャンピオン

WEC=世界耐久選手権　WRC=世界ラリー選手権　ERC=ヨーロッパラリー選手権　WSPC=世界スポーツプロトタイプカー選手権　SWC=スポーツカー世界選手権
■=シリーズチャンピオン

年月		イベント名	車名	成績
1980	3	富士300キロスピード	MCS・マツダ	総合1位
	9	富士インター200マイル	KR-1・マツダ	総合1位
	'80	IMSAシリーズ GTUクラス	サバンナRX-7	チャンピオン(マニュファクチャラーズ&ドライバーズ)
		IMSAシリーズ RSクラス	サバンナRX-3	チャンピオン(マニュファクチャラーズ)
		英国サルーンカー選手権	サバンナRX-7	チャンピオン
1981	4	鈴鹿500キロ	KR-1・マツダ	総合1位
	'81	IMSAシリーズ GTUクラス	サバンナRX-7	チャンピオン(マニュファクチャラーズ&ドライバーズ)
		SCCAプロラリーシリーズ	サバンナRX-7	チャンピオン(マニュファクチャラーズ&ドライバーズ)
		英国サルーンカー選手権(1600~2300cc)	サバンナRX-7	チャンピオン(3年連続)
		ベルギーツーリングカー選手権	サバンナRX-7	チャンピオン
1982	2	IMSAシリーズ デイトナ24時間レース	サバンナRX-7	GTO1位(総合4位)、GTU1位(総合6位)
	6	WEC ル・マン24時間レース	サバンナRX-7・254	総合14位
	6	WRC ニュージーランドラリー	サバンナRX-7	グループII 1位(総合5位)
	10	WEC 富士6時間	サバンナRX-7・254	クラス1位(総合6位)
	'82	IMSAシリーズ GTUクラス	サバンナRX-7	チャンピオン(マニュファクチャラーズ&ドライバーズ)
		オーストラリア耐久選手権	サバンナRX-7	チャンピオン(マニュファクチャラーズ&ドライバーズ)
1983	2	IMSAシリーズ デイトナ24時間レース	サバンナRX-7	GTO1位(総合3位)、GTU1位(総合12位)
	6	WEC ル・マン24時間レース	マツダ717C	Cジュニア部門1、2位(総合12位、18位)
	6	富士インター200マイル	MCS III・マツダ	総合1位
	'83	IMSAシリーズ GTUクラス	サバンナRX-7	チャンピオン(マニュファクチャラーズ&ドライバーズ)
		オーストラリア耐久選手権	サバンナRX-7	チャンピオン(マニュファクチャラーズ&ドライバーズ)
1984	2	IMSAシリーズ デイトナ24時間レース	サバンナRX-7	GTU1位(総合12位)
	6	WRC アクロポリスラリー	サバンナRX-7	総合9位
	6	WEC ル・マン24時間レース	BFグッドリッチマツダローラT616	C2部門1、3位(総合10、12位)
			マツダ727C	C2部門4、6位(総合15、20位)
	7	ERC ポーランドラリー	サバンナRX-7	総合1位
	7	富士1000キロ	タクマツダ83C	総合1位
	'84	富士JSSシリーズ	サバンナRX-7	チャンピオン
		IMSAシリーズ GTUクラス	サバンナRX-7	チャンピオン(マニュファクチャラーズ&ドライバーズ) 5年連続、IMSAシリーズ史上初
		IMSAシリーズ GTOクラス	サバンナRX-7(13B-RE搭載)	チャンピオン(ドライバーズ)
		オーストラリア耐久選手権	サバンナRX-7	チャンピオン(マニュファクチャラーズ&ドライバーズ)
1985	2	IMSAシリーズ デイトナ24時間レース	サバンナRX-7	GTU1位(総合12位)
			サバンナRX-7	GTO2位(総合11位)
			マツダアーゴ	キャメルライトクラス1位(総合10位)
	5	WRC アクロポリスラリー	サバンナRX-7	総合3、6位
	6	WEC ル・マン24時間レース	マツダ737C	C2部門3、6位(総合19位、24位)
	8	IMSAシリーズ ロードアメリカ500マイルレース	サバンナRX-7	単一車種として通算67勝のIMSAシリーズ新記録を達成
	11	WRC RACラリー	サバンナRX-7	総合9、10位
	'85	IMSAシリーズ GTUクラス	サバンナRX-7	チャンピオン (マニュファクチャラーズ&ドライバーズ)6年連続
		IMSAシリーズ キャメルライトクラス	マツダアーゴ	チャンピオン (エンジンマニュファクチャラーズ&ドライバーズ)
		SCCA プロラリーシリーズ	サバンナRX-7 4WD	チャンピオン(マニュファクチャラーズ)

年月		イベント名	車名	成績
1986	2	IMSAシリーズ デイトナ24時間レース	サバンナRX-7	GTU1位(総合8位)
			マツダアーゴ	キャメルライトクラス1位(総合7位)
	2	鈴鹿500キロ	マツダ757	総合6位 3ローターロータリーエンジン搭載 マツダ757デビューレース
	8	米国ユタ州ボンネビル、ソルトレークで開催されたボンネビルスピードウィークで、 13Bターボエンジンを搭載するサバンナRX-7が383.724km/hを出し、C/GTクラス新記録を樹立		
	'86	IMSAシリーズ GTUクラス	サバンナRX-7	チャンピオン(マニュファクチャラーズ&ドライバーズ)
		IMSAシリーズ キャメルライトクラス	マツダアーゴ	チャンピオン(エンジンマニュファクチャラーズ&ドライバーズ)
1987	2	IMSAシリーズ デイトナ24時間レース	サバンナRX-7	GTU1位(総合10位)
	6	WSPC ル・マン24時間レース	マツダ757	総合7位　ル・マン史上日本車最高位
	9	WSPC 富士1000キロ	マツダ757	総合7位　日本車最高位
	'87	IMSAシリーズ GTUクラス IMSAシリーズ キャメルライトクラス	サバンナRX-7 マツダアーゴ	チャンピオン(マニュファクチャラーズ&ドライバーズ) チャンピオン(エンジンマニュファクチャラーズ&ドライバーズ)
1988	2	IMSAシリーズ デイトナ24時間レース	サバンナRX-7	GTU1位(総合15位)
	4	鈴鹿500キロ	マツダ767	総合7位 4ローターロータリーエンジン搭載 マツダ767デビューレース
	6	WSPC ル・マン24時間レース	マツダ757	総合15位
			マツダ767	総合17、19位
1989	2	IMSAシリーズ デイトナ24時間レース	マツダ767B	総合5位
			サバンナRX-7	GTU1位(総合12位)
	6	ル・マン24時間レース	マツダ767B	総合7、9、12位
	'89	IMSAシリーズ GTUクラス	サバンナRX-7/MX-6	チャンピオン(マニュファクチャラーズ)
1990	2	IMSAシリーズ デイトナ24時間レース	サバンナRX-7	GTO2位(総合7位)
			マツダアーゴ	キャメルライトクラス1位(総合9位)
			サバンナRX-7	GTU1位(総合12位) GTUクラスでは1982年以来9年連続優勝
	5	IMSAシリーズ ハートランドパーク2時間レース	サバンナRX-7	総合1位(GTO1位) 4ローターローターリーエンジン搭載GTO車初優勝
	9	IMSAシリーズ サンアントニオ45分レース	サバンナRX-7	総合1位(GTO1位) 史上初の単一車種通算100勝を達成
	'90	IMSAシリーズ GTUクラス	サバンナRX-7	チャンピオン(マニュファクチャラーズ)
1991	2	IMSAシリーズ デイトナ24時間レース	サバンナRX-7	GTU1位
	6	SWC ル・マン24時間レース	マツダ787B/787	総合1、6、8位
	'91	IMSAシリーズ GTOクラス	サバンナRX-7	チャンピオン(マニュファクチャラーズ&ドライバーズ)
1992	2	IMSAシリーズ デイトナ24時間レース	サバンナRX-7	GTU1位(総合7位)
	4	バサースト12時間レース	アンフィニRX-7	総合1、5位
	5	IMSAシリーズ	RX-792P	GTP3、4位
	6	IMSAシリーズ	RX-792P	2位
1993	1	IMSAシリーズ デイトナ24時間レース	サバンナRX-7	GTU1位 GTUクラスでは1982年以来12年連続優勝を達成
	4	バサースト12時間レース	アンフィニRX-7	総合1位
1994	4	バサースト12時間レース	アンフィニRX-7	総合1位 3年連続総合優勝を達成
1995	8	インタークリーク12時間レース	アンフィニRX-7	総合1位 開催地をバサーストからインタークリークに変更。バサースト時代に続き、4年連続総合優勝を達成
2008	1	Grand-Amシリーズ デイトナ24時間レース	RX-8	GTクラス1位
2010		Grand-Amシリーズ	RX-8	GT部門チャンピオン(マニファクチャラーズ)

参考文献

『東洋工業 50 年史』 東洋工業 (株)

『マツダ技術技能史』 マツダ (株)

『マツダの RE 開発努力の歴史』 マツダ (株)

『マツダ 100 年史』マツダ (株)

『忘れ難き人々 - ロータリーエンジン開発余話』 マツダ (株)

『日本車検索大図鑑 – 3：三菱 / マツダ』 二玄社

『世界の自動車 戦後の日本車 - 1』 二玄社

『日産自動車開発の歴史（下）1967 〜 1983』 説の会編

『1945-1997 日本モーターサイクル史』 八重洲出版

『 日本外交史事典』 山川出版

『The Wankel Rotary Engine』 McFarland & Co., Inc.

『The Audi File – All models since 1888』 Haynes Publishing

『A History of Progress – Chronicle of the AUDI AG』 AUDI AG

『Citroën – 80 years of future』 Editions Roger Regis

『Genealogie』 Relations Publiques Citroën

『Corvette – The exotic experimental cars』 Iconografix

『Corvette – Prototypes & show cars photo album』Iconografix

「自動車ガイドブック」バックナンバー 自動車工業振興会

「カーグラフィック」バックナンバー 二玄社

「モーターファン」バックナンバー 三栄書房

「各種カタログ、宣伝用冊子類、広報資料」

本書について

本書の製作にあたっては、以下の方々からの多大なるご協力を賜りました(肩書は当時のもの)。関係する各メーカー広報部の方々には、写真のご提供や収録する資料作成のご協力をいただきました。自動車史料保存委員会からも当時のカタログや写真のご提供をいただきました。そして、国立科学博物館　理工学研究部の鈴木一義氏には、収録写真の一部をご提供いただきました。

日本自動車殿堂会長の小口泰平氏には、巻頭に序文をいただき、ここに感謝する次第です。

なお、本書に登場する車種名、会社名などの名称は、原則的に主要な参考文献となる、当時のプレスリリース、広報発表資料、関係各メーカー発行の社史などにそって表記してありますが、参考文献の発行された年代になどによって現代の表記と異なっている場合があり、編集部の判断により統一させていただきましたので、ご了承下さい。スペック・事実関係等の記述に差異等お気づきの点がございましたら、該当する史料とともに弊社編集部までご通知いただけますと幸いです。

三樹書房　編集部

あとがき

2012年6月にRX-8の生産を終了したあとも、ロータリーエンジンの研究・開発は継続すると公表していたマツダだが、その後、ロータリーエンジン車を発表する気配は無くなってしまった。2010年のジュネーブモーターショーにアウディから、BEVの駆動用バッテリーの容量を小さくして、緊急用にレンジエクステンダー（航続距離延長装置）と称する254ccのロータリーエンジンで発電機を回して充電し、航続距離を延ばす仕掛けを備えた「A1 e-tron（イー・トロン）」というコンセプトカーが発表されたときには、マツダなら量産化も朝飯前だろうから、この仕掛けを持ったクルマがきっと出る、と確信していたが、音沙汰無し。

しかし、RX-8生産終了から11年目の2023年にやっぱり出た。MX-30 Rotary-EVだ。レンジエクステンダーを持つが、発電機駆動用ロータリーエンジン＋発電機＋駆動用モーターを同軸上にコンパクトにまとめた電駆ユニットを開発。いかにもマツダらしい。

さらに、2023年10月に開催されたジャパンモビリティショー 2023では、コンパクトスポーツカーコンセプト「Mazda ICONIC SP（マツダアイコニック エスピー）」が世界初公開された。水素など様々な燃料を燃やせる拡張性の高いロータリーエンジンを活用した、2ローター Rotary-EVシステムを積む。このクルマも量産化が大いに期待されているようだ。

ロータリーエンジン復活の動きに合わせ、本書発刊が決まったようだ。初版執筆に際しては、マツダをはじめ、アウディジャパン、スズキ、トヨタ自動車、プジョー・シトロエン・ジャポン（現Stellantisジャパン）、ヤマハ発動機の広報のかたがたに、そして今回増補版執筆に際してはマツダ広報には貴重な時間をさいて史料探し、データの提供などをお願いし、その都度気持ちよく対応していただき感謝の意を表したい。

また、三樹書房の小林謙一社長、編集部の山田国光氏、木南ゆかり氏には構想の段階から、数々のご教示をいただき、編集にあたってはひとかたならずご苦労をおかけした。

皆様のご協力により、この本が完成したことにあらためて感謝の意を表したい。

なお、本文の中で、敬称を省略させていただきましたこと、ご了承願います。

当摩 節夫

当摩 節夫（とうま・せつお）

1937年、東京に生まれる。1956年に富士精密工業入社、開発実験業務にかかわる。1967年、合併した日産自動車の実験部に移籍、1970年にATテストでデトロイト～西海岸を車で1往復約1万キロ走破。往路はシカゴ～サンタモニカまで、当時は現役であった「ルート66」3800kmを走破。1972年に日産自動車、海外サービス部に移り、海外代理店のマネージメント指導、KD車両のチューニングなどにかかわる。1986年～1997年の間、カルソニックの海外事業部に移籍、豪亜地域の海外拠点展開にかかわる。1986年～1989年の間シンガポール駐在。RJC（日本自動車研究者 ジャーナリスト会議）および、米国SAH（The Society of Automotive Historians, Inc.）のメンバー。1954年から世界の自動車カタログの収集を始め現在に至る。
「モーターファン別冊すべてシリーズ」（三栄書房）に「スバル・レガシィ史」「スカイライン史」「スカイラインGT-R史」「1950年代のアメリカン・ステーションワゴン」「ホンダ・シビック史」、「カー・IO」（芸文社）に「高級車史」、「別冊月刊プレイボーイ」（集英社）に「魅力にあふれたアメリカ車のカタログ」、「スーパーCG」（二玄社）に「クライスラー300・レターシリーズ史」「戦後のパッカード史」「戦後のスチュードベーカー史」「GMヘリティッジ・センター」など多数寄稿。著書に『スバル 「独創の技術」で世界に展開した100年』『スカイライン R32、R33、R34型を中心として』『ニッサン セドリック／グロリア「技術の日産」を牽引した乗用車』『ダットサン／ニッサン フェアレディ 日本初のスポーツカーの系譜1931～1970』『いすゞ乗用車の歴史』『三菱自動車工業 三菱A型完成から100年』『スズキ ジムニー 日本が世界に誇る 唯一無二のコンパクト4WD』『ミニ 1959-2000 英国が生んだ小型車の傑作』『プリンス自動車工業の歴史 日本の自動車史に大きな足跡を残したメーカー』（いずれも三樹書房）などがある。

ロータリーエンジン車

マツダを中心としたロータリーエンジン搭載モデルの系譜

著　者　当摩節夫
発行者　小林謙一
発行所　三樹書房

URL　https://www.mikipress.com

〒101-0051 東京都千代田区神田神保町 1-30
TEL 03(3295)5398　FAX 03(3291)4418

印刷・製本　シナノ パブリッシング プレス